New Riders 游戏设计与开发

游戏设计的
100个原理

[美] Wendy Despain 著　　肖心怡 译

人民邮电出版社
北　京

图书在版编目（CIP）数据

游戏设计的100个原理 / （美）迪斯潘（Despain, W.）
著；肖心怡译. -- 北京：人民邮电出版社，2015.2
ISBN 978-7-115-37687-9

Ⅰ. ①游… Ⅱ. ①迪… ②肖… Ⅲ. ①游戏—软件设
计 Ⅳ. ①TP311.5

中国版本图书馆CIP数据核字(2014)第307118号

版权声明

◆ 著　　　[美] Wendy Despain

　 译　　　肖心怡

　 责任编辑　陈冀康

　 责任印制　张佳莹　彭志环

◆ 人民邮电出版社出版发行　　北京市丰台区成寿寺路 11 号

　 邮编　100164　　电子邮件　315@ptpress.com.cn

　 网址　http://www.ptpress.com.cn

　 北京虎彩文化传播有限公司印刷

◆ 开本：800×1000　1/16

　 印张：14.25　　　　　　　2015 年 2 月第 1 版

　 字数：293 千字　　　　　 2024 年 10 月北京第 27 次印刷

　 著作权合同登记号　图字：01-2012-8616 号

定价：79.00 元

读者服务热线：(010)81055410　印装质量热线：(010)81055316
反盗版热线：(010)81055315

　　本书整合了众多游戏设计秘笈，概括并阐释了 100 条重要的游戏设计领域的方法、原理和设计哲学。

　　本书分 4 篇向读者讲述了游戏创新、创作、平衡和解决问题的 100 个原理。每一个专题都采用丰富的案例来介绍多种不同的设计思路，同时以经典图片的形式揭示该原理所蕴含的真谛。

　　本书适合从事或学习游戏设计的专业人士阅读，读者将从本书中学到如何让游戏流行，如何让玩家痴迷，如何设置关卡以及如何解决游戏设计中的问题。

这不是一本指导你工作步骤的手册，而是一个充满可能性的百宝箱。它包含了至少 4 条原理（我不会告诉你是哪 4 个），主张或者暗示开始设计一个游戏只有一条正道。如果你以别的方法开始，灾难将接踵而至。不可能所有的方法都是正确的……或者，可能吗？

好吧，我能确定的是我不知道，并且我不打算把其中的一条或几条方法强加给你。我知道的是这些方法、原理、哲学都在当今的游戏产业中共存。不同的公司、明星设计师和思想流派都在使用它们，并坚信它们是正确的。也许在某处存在这么一篇探讨这个问题的学术论文，但我没兴趣去深入挖掘它并根据某些所谓成功的定义来排序这些不同的思想。

我只是个整理者，从不参与行业竞争。我在生活中收集想法，并将之列入我心里那张写着"嘿，这很有趣，我有一天会使用它"的单子里。当我在机缘巧合的情况下成为一名游戏设计师时，我发现我的同行们都在做着同样的事情。他们心中都有一个这样日积月累下来的"精神工具箱"，在他们面临任何问题时都会去使用它。

而这正是游戏设计之所以很难教的原因之一在于干这一行所用到的工具繁杂而奇特。这本书的内容来自于我自己的"精神工具箱"，以及我身边专业的同事们的补充。我发现，相比于让它们在我大脑灰质层中随机散落，不如将其列在我面前更让我觉得激动和释然。我甚至按照自己需要用到这些工具的 4 个阶段将其整理出来：当我试着去创新时；当我在游戏创作的过程中试着排除令人不快的部分时；当我需要对即将完成的工作进行权衡时；以及最终在任何时候我需要解决特定问题时。

这本书是如何组织起来的

我写的是一本可作为自己的使用手册的书吗？我想是的。我不确定这是不是一件好事，可以确定的是这很复杂。实际上，这本书不像市面上的其他任何一本游戏设计书，所以也许你确实需要一些帮助才能更好地开始阅读它（参见原理 80 "先行组织者"）。

这本书里很多地方出现了橙色带引号的字体，这样的标示是请读者参考本书中提到的其他游戏设计原理（就像上一段最后一句中那样）。如果它们看起来有一点像网页里的链接，那是因为我正希望它们如此。我希望你能动动手指，翻到那一页，看到有一整节关于这一点的信息作为扩充。或许将来这本书的电子版本会真的将它们做成可点击的链接。

无论如何，它们有点像脚注，但我不是一个喜欢用脚注的人。我是一个数字时代的人，所以当这本书的某些部分提及或涉及一个在本书中其他地方有深入探讨过的概念时，你会看到表示对这些原理交叉引用的橙色。蓝色字体则是用来突出那些创造或推广这些原理的设计师的名字。

那么让我们来看看这本书的构成吧。正如之前提到的，这些游戏设计的核心原理是围绕着 4 个主题组织起来的：创新、创作、平衡以及解决问题。每一页都描述了一个不同的游戏设计基本原理，该原理在你设计游戏的过程中有可能会遇到，也可能遇不到。如果你随意地从中间翻开这本书，你会看到：一面是用来解释一个原理的文字，另一面是帮助阐释或说明这个原理的一张图片。现在请翻开书试试看吧，我会在这里等着。

说真的，我哪儿也不去。请翻开后面的内容页看看，然后回到这里。

……

欢迎回来！我希望你看到的东西激起了你的兴趣。现在你了解了我是如何安排这本书的，并且按照我预期的方式使用了一次。

如何使用这本书

请不要太过纠结于像"某一个原理为什么被放在这个分类而不是另一个"这样的问题（参见原理 70 "希克定律"）。它们是在游戏开发的各个环节都能使用的原理。我的 4 个分类只是为了在一片混乱中理出一个头绪来，以及在你感到无所适从的时候给你提供一个正确的方向。

以下是一些使用本书的方法。

■　寻求随机灵感

每个人都有更适合自己的学习方法（参见原理 7 "加德纳的多元智能理论"）。在头脑风暴停滞不前的时候，将本书随机翻开一页就是一个很好的推动其继续进行的方法。

■　温习零散概念

这些原理有一些很复杂，它们像是由很多部分拼凑起来的疯狂的想法。当你记不起某一个概念，比如 4 种关键趣味元素是什么时，这本书可以作为你的参考。

■　学习新东西

这本书是许多人集体无意识的产物。即使作者们也迫切地想要读他们自己认为自己不够熟悉的部分。书里有很多非常不错的信息。

■　发现问题所在

当一个游戏的运行不如你所预期，这本书可以告诉你可供探索的道路。各原理之间的相互联系能够帮助你找到问题的根源。

■　解决问题

书中包括一个列举了各种解决问题的方法的附录。这不是一个手把手教你解决某一个具体问题的教程，但它提供了如何开始的途径。

请记住，想在两页的篇幅里完全展开这些复杂的概念是不可能的。这本书的合作者们就曾向我抱怨过我给他们的篇幅太小了，他们中有些人提供的稿件直接超过了我给的字数限制（参见原理 88 "破坏者"和原理 44 "补充规则"——不是作为超过字数的例子，而是参见其中对这两个概念的解释），以至于我不得不删去其中不少非常优秀的内容。

所以请把这本书中的每一页看作是对其主体的一个介绍或是快速总结。每一篇介绍都包含了足够的信息、术语和名词，让你利用最基本的网上搜索技巧就能深入这些原理的"兔子洞"。事实上有时候在这些原理的介绍文字中还有对某些相关著作的推荐。总之，请不要在阅读完一篇关于某个主题的介绍文章之后就觉得你已经是这个方面的专家了。

也请不要觉得书中的这些就是游戏设计中所有的原理，甚至不要觉得这些就涵盖了所有最重要的原理。有很多由于篇幅所限我们未能收录到书中的原理，可以在 www.gamedesignprinciples.com 中找到。来参与网站上的讨论，并且告诉我们有哪些你最喜欢的原理我们还没有收录吧！

目录

第 1 篇

游戏创新的一般原理

原理 1　游戏的对称性 / 非对称性和同步性

在对称性游戏（Symmetric gameplay）中，参与游戏的玩家的体验完全一样。国际象棋——一个实体棋盘游戏，就是一个例子（通过邮件下棋的玩法不在此列，因为总有一个人先知道自己要走哪一步，而他的对手直到看到邮件才能知道）。而经典游戏《乓》（Pong）则是电子游戏中一个典型的对称性游戏的例子。玩《乓》时两个玩家轮流发动自己的动作，两人看到的画面完全同步，都和对方完全一样。

很多游戏机上的多人游戏会让所有的玩家在同一时间看到相同的场景。在《马里奥赛车》（Mario Kart）中，一局游戏里所有的玩家会看到完全相同的小全景图，显示所有人的进展情况，而每一个玩家的主窗口会以他自己的赛车为画面中心，以便于他精确地操控自己的赛车。从这个角度看，这个游戏既是对称性游戏又是非对称性游戏，因为游戏中既有完全相同的全景图又有各个赛车所处环境的独有界面。

在非对称性游戏（Asymmetric gameplay）中，参与游戏的玩家的体验并不完全一样。《龙与地下城》（Dungeons and Dragons）就是一个典型的非对称性游戏。在这个游戏中，地下城主（Dungeon Master 或 Game Master，GM）的扮演者能知道所有正在发生的事情，而其他玩家则只知道一部分。此外在一些电子游戏中，一些玩家可以利用特殊技能看到其他玩家看不到的事物，比如陷阱。这些都属于有目的的不对称。

最后，游戏中的延迟也会导致玩家看到的画面有不同。这种意外产生的信息不对称可能会产生这样的后果，比如玩家误以为他打出了一枪，事实上，因为服务器还没能把信息传递给他，他可能已经被看不见的对手击中了。

这就让我们开始思考同步性（synchronicity）问题。同步的游戏是指在游戏过程中参与的双方同时发动自己的动作。这是多人网络游戏中常见的形式。玩家同时在线时通常会看到几乎相同的画面。多人游戏机游戏的特点正是如此，如《马里奥赛车》就拥有完美的同步性。

而最近流行的游戏《填字接龙》（Words with Friends）采用的则是非同步的游戏机制。在这样的游戏机制中，一位玩家先采取一步行动，网络将这一步行动传达至游戏的另一方，另一位玩家再采取相应的行动。即使两位玩家同时在线，这个过程也需要一定的时间。而如果另一位玩家暂时不在线，这个过程可能需要长达数天。

原理 2　A 最大，鬼万能

　　A 最大，鬼万能代表的是一种游戏中的组织架构方式，在这种架构方式下，一系列游戏中的对象可以根据它们在游戏中的价值或等级重组。在扑克牌游戏中，A 自法国大革命以来就被认为是最大的牌，甚至大过 K、Q 和 J（这 3 张牌在社会象征性的层面有着更高的级别），以及其他的数字牌，尽管 A 代表的数字 1 是这些数字中最小的。西班牙扑克中也有和 K、Q、J 类似的王、骑士和武士，王比骑士大，而骑士比武士大。

　　无论如何，玩家在开始扑克牌游戏之前都要建立一套规则，确定最大的牌。这样他们可以在不改变游戏基本规则，甚至不需要玩家重新抓一手牌的前提下，改变特定结果的概率分布。叫主牌可以在任意时刻改变场上可用扑克牌的分布而无需重新洗牌。

　　任何一个玩家都能了解其中所有元素的游戏，特别是其中那些元素的价值能够排序的游戏，都可以包含一个快速的关于 A 大还是 K 大的决定。有一些游戏利用这个原理，在游戏进行时中途改变这个大小顺序，或是要求玩家根据自己或团队的目标来重新定一张最大的牌。这就给游戏引入了多样性和惊喜，避免了过多的重复。

　　除了重新打乱之前牌力大小的机制，鬼牌可以作为万能牌的设定，也进一步为游戏增加了复杂性。万能牌可以替代游戏中的任何其他牌。事实上，万能牌就是一个玩家可根据需要随意赋值的空变量。玩家通常使用那些能改变价值的牌来使自己更接近胜利，而鬼牌或者其他的万能牌则可能是这些牌中价值最高的。它们可能比 A 更有用，虽然 A 价值很高，但是改变某张牌的价值从而组成一个更强力的牌组则为游戏增添了更多复杂性。

　　有一些游戏把好几种元素（或者牌）当作万能牌，这就使得游戏元素的原始分布变得更加复杂。这些万能牌可以随意变换，增加了稀有事件的发生频率，因为它们使游戏元素的原始分布在概率上更加频繁。

　　比如，在扑克游戏中，Deuce 这一万能牌可使得 4 张低价值的牌变成一组非常有价值的手牌；试想一下你可以把一张 2 用来和你的手牌组成皇家同花顺，又或者把起手的 2 和 7（从统计学来看这是最差的开局了）改换成一对 7。同样，把方块或者红牌规定为万能牌的话，就能在其他规则不变的情况下在统计学上为玩家提供更多可选项。

原理 3　巴特尔的玩家分类理论

理查德·巴特尔（Richard Bartle）是多用户游戏领域的先锋，第一个多人参与的多用户地牢游戏（multi-user dungeon，MUD）的联合开发者。MUD 让多个用户可以在同一个虚拟的世界中一起探险，并且让用户能与其他玩家进行互动。巴特尔和他的合作者们在创造 MUD 的过程中细分了玩家的行为并以此启发设计师。他在 1996 年发表了一篇题为《牌上的花色——MUD 中的玩家》（*Hearts*，*Clubs*，*Diamonds*，*Spades*：*Players Who Suit MUDs*）的论文，将 MUD 游戏中玩家的行为分成了 4 个基本类别。尽管在这之后有很多研究对完善玩家分类的拓扑图谱做出了贡献，巴特尔的分类始终以其简单和广泛性受到欢迎和认可。

成就型玩家（achiever）（方片）主要关注的是如何在游戏中取胜或达成某些特定的目标。这些目标可能包括游戏固有的成就或者玩家自己制定的目标，比如："我要达到 80 级"，"我要在排行榜上名列前茅"，"我要挣到 100 万个金币"，或者"我要在 3 个小时之内只用这把刀把这个游戏打通关"……

探险型玩家（explorer）（黑桃）尝试在虚拟世界的系统中寻找一切他们所能找到的东西。游戏设计师通常属于这一类型。收集爱好者也是探险型玩家中的一类。《宝可梦》（*Pokémon*）就是一个对探险型玩家很有诱惑力的游戏——玩家不仅可以在地图上探险来探索虚拟世界的广度，而且细致及透明的战争机制对用户而言也很有趣且易学，让用户对探索游戏机制产生极大的兴趣。那些在游戏中试图搜集所有可能得到的物品的玩家都是典型的探险型玩家。

社交型玩家（socializer）（红桃）享受在游戏过程中与其他玩家的互动。除了人类一起游戏的社交本能，他们喜欢利用公会和团队的机制来进一步强化自己的社会存在感。

杀手型玩家（killer）（梅花）喜欢把他们自己的意愿强加给他人。杀手型玩家又可以分为两类：有一类杀手型玩家在游戏中杀人是为了显示他们的强大，而另一类玩家的目的是骚扰或激怒其他人，我们把这部分玩家称为"破坏者"（griefer）。

巴特尔用两条轴线分出的 4 个象限来分析这 4 种不同的玩家。x 轴从左至右分别是玩家（player）和世界（world），y 轴从下至上分别是"交互于"（interacting with）和"作用于"（acting on）。成就型玩家倾向于作用于世界，探险型玩家倾向于交互于世界，社交型玩家倾向于交互于其他玩家，杀手型玩家倾向于作用于其他玩家。

原理 4 合作与对抗

当与超过一个玩家一起玩游戏时，有两种可能的玩家类型：合作型和对抗型。更多的情况下，游戏在本质上就是对抗性或竞争性的。

在合作型的游戏中（co-op play），两个或多个玩家共享一个目标，并且通过共同努力去实现这个目标。桌上角色扮演类游戏（table-top roleplaying games）就是很好的例子。这类游戏中，几个玩家被组合在一起去进行冒险，在这种情况下，玩家团队需要对抗的障碍通常是游戏设计中的虚拟世界，或是游戏主持者的想象。

在视频游戏中，合作游戏通常是两个或两个以上玩家与人工智能选手的对抗。玩家可以交易物品，相互治疗，使用互补的游戏战略（如主战坦克与远程武器的联手使用），或更为动态的方式（如相互给予身体上的增强互补）以通过单个玩家靠自身能力无法通过的障碍物。

《动物森友会》（Animal Crossing）就是一个合作游戏。玩家把自己的游戏卡插到别人的主机上可以帮助他解锁新的内容。很多游戏有可解锁的结尾，需要玩家们一起合作去解决最后的挑战。主机游戏（console game）中玩家通常可以在同一个控制台上一起进行合作游戏，而后来慢慢可以允许两名玩家通过一个控制台和网络另一端的其他玩家一起合作。即使在单人游戏中合作的玩法依然有可能通过玩家与以前保存的自己来合作实现。

在团队竞技体育项目中，合作和对抗是同时存在的。在一个团队里，队员与每一个队友合作，每人负责自己的位置，来让团队在比赛中走得更远。团队由此变得有竞争力，和对阵的团队竞争来得分。第一人称射击游戏提供的就是这样以团队合作为基础的竞争性的游戏体验（参见原理 29 "志愿者困境"和原理 26 "公地悲剧"）。

对抗型游戏的概念很简单：一个或一组玩家与另一个（或一组）对抗去取得胜利。通常对抗的玩家中只有一个（或一组）能获胜，除非这个游戏能以平局结束。对抗性的竞争是很多多人游戏的核心，而也有很多单人游戏以之前的最高分为对抗对象。

一个高尔夫玩家可能在某些特定的球区中与其他玩家进行比赛，但他也总是在挑战自己之前的分数。在这样的比赛中，玩家可能会输给对手，但赢得自己的个人最好成绩。这在保龄球、赛车或者多人参加的第一人称射击游戏（first-person shooter game，FPS）如《军团要塞 2》（Team Fortress 2）中也同样成立。

请记住，个别游戏机制和功能可能会起到鼓励或阻止玩家之间的合作或对抗的作用，有时候会是以意想不到的方式产生作用。例如，许多 Facebook 游戏中显示玩家的好友列表来鼓励社交互动，但是这些列表是以排行榜的形式来显示的，这就鼓励了玩家之间的竞争，而不是合作。追求在排行榜上达到一定位置这样的游戏目标和其他直接对抗的游戏一样具有竞争性（参见原理 25 "社会关系"）。

原理 5 公平

根据字典，所谓公平，意味着某事某物是公正的、无偏见的。游戏设计中的公平性也是一样——游戏对于玩家必须是公平的。换句话说，游戏必须不偏不倚，不对玩家作弊。举例来说，如果玩家被告知他通过完成动作 y 能得到回报 x，那么我们在他完成 y 之后却给他回报 z，这对该玩家来说就是不公平的。在这种情况下，游戏与玩家的合约被打破了。当游戏与玩家订立了一个合约，这个合约必须是公平的。

公平性在那些投机类的游戏中尤其重要。通过加权生成特别结果的老虎机游戏就是不公平的。随机性以及对它的保证是与玩家的合约中的一部分。违背这个合约即是对玩家不公平。

在俄罗斯方块游戏中，与玩家合约的一部分是"下一个方块将会从 7 种标准方块中随机出现"。玩家经常会将游戏中的随机行为看作是不随机的，他们认为游戏是故意给他们不想要的方块。如果真的是这样的话，这个游戏是不公平的、不诚信的。事实上俄罗斯方块中方块的掉落确实是完全随机的，但是玩家会感觉有背后的行为模式，并把这些归咎于想象中的不公平。

类似地，如果一个游戏的难度在逐步提高的过程中突然出现一个大的飞跃，会被玩家认为不公平——事实上这也确实不公平。游戏的难度应该平稳地逐渐上升，这样玩家才不会觉得被欺骗或受到不公正的待遇。

如果想在对公平的基本认识上更进一步的话，我们可以看看拉宾（Rabin）的公平模型。这个模型基于 3 个核心规则。

第一，对于那些友好的人们，其他人愿意牺牲他们自己的物质利益。也就是说，如果在一个游戏中玩家们表现友好，那么一个独立的玩家会更容易表现出利他行为或是愿意为友好的玩家们牺牲一些自己的物质利益。

第二，基本上可以认为是第一条的反面——玩家将会愿意损失自己的物质利益去惩罚那些不友好的玩家。如果一个玩家有意对其他玩家不友好，另一位玩家为了让他受到惩罚，将宁愿在一定程度上损失自己的物质利益。

最后，第三条规则是，第一和第二条规则在物质损失越小的情况下越容易发生。换句话说，玩家需要放弃的物质利益越小，他们越容易参与到前面提到的那些利他或是惩罚行为中去。

显然，拉宾的公平规则适用于多人游戏。举例来说，在社交游戏中赠送礼品通常没有什么成本，所以玩家们常会给其他对他们友好的玩家赠送礼品。另一方面，在大型多人在线游戏（massively multiplayer online game，MMO）中，如果杀死一个玩家会导致十分严重的物质损失，绝大部分人都会尽量避免去杀死其他人哪怕是最不友好的玩家。

当玩家觉得游戏给了他们不公平的对待时，他们有可能会退出游戏。当玩家觉得其他玩家给了他们不公平的对待时，他们有可能会去惩罚其他玩家。在创建一个玩家会对公平性有要求的系统时记得考虑这个问题。

原理 6　反馈循环

在《大富翁》(*Monopoly*) 游戏中，通常是一个玩家变得越来越强大，而其他玩家勉强应付沦为陪衬。占主导地位的玩家不停地购买旅馆，将其他还在苦苦完成他们第一个产业的玩家踢出局。处于下风的玩家基本没有翻身的机会，这一点都不好玩。处于下风的玩家通常只想掀翻游戏棋盘去玩点儿别的。

通俗地说，这个叫作"富人越来越富问题"或者恶性循环。在之前这个例子中，当占上风的玩家买旅馆，意味着他们可以从停在他们的产业上的玩家那里得到更多的钱，而这让他们有了更多的钱去买更多的旅馆。因为他们富有，他们不断变得更富有。

这在游戏设计中通常被称为反馈循环。反馈循环有两种不同的类型。

在一个正反馈循环中，达成一个目标能够获得奖励，而这让继续达成目标变得更容易。以下是一些例子：

- 在角色扮演类游戏 (roleplaying game，RPG) 中，杀死骷髅能帮助玩家升级，而这让他们更容易杀死更多骷髅；
- 在国际象棋中，吃掉对手的棋子会让他变弱，这样我们就更容易吃掉对手更多的棋子；
- 在《躲避球》(*Dodgeball*) 游戏中，一个有较多玩家被淘汰了的队面临更多威胁要去处理，而有更多玩家的队需要面对的威胁反而较少。

反馈循环的另一种形式是负反馈循环。其中达成一个目标会让下一个目标更难达成。以下是一些例子：

- 在《马里奥赛车》(*Mario Kart*) 中，跑到第一名意味着你有可能被蓝龟壳击中，而这会让你失去第一名的位置；
- 在美式足球比赛中，比赛越接近端区意味着防守一方的 11 名队员保留的展位区域越小，这也意味着进攻一方的传球区域也越来越小；
- 在 8 球制台球中，对手将你的球击落袋中意味着他们下一步的选择变少，而你的球有更多的机会挡住他们的下一杆。

设计师想要给玩家对他们有意义的奖励，而玩家通常只对能帮助他们取胜的奖励感兴趣——这就是为什么正反馈循环如此流行。问题在于这有可能让游戏失去平衡，因为只有第一个占到上风的玩家才有可能一直胜利下去。尽管玩家希望自己变得更强大，但他们真正想要的是有趣并且富有挑战的游戏。有时候让他们变强大会背离这一目标。

负反馈循环有时候看起来也不公平。如果一个游戏被设计成为失败者提供奖励，那么其奖励行为是背离其目标的。在运用负反馈循环时，设计师必须格外小心，不要让玩家对其在游戏中的表现感觉是不相干的。比如，在很多赛车游戏中都有一个橡皮筋回弹的机制来惩罚马虎的驾驶员。

　　解决负反馈循环的难题其实很容易：为玩家完成游戏的目标提供奖励。而要解决正反馈循环的问题相对有点棘手。设计师可能会想完全放弃正反馈，但是要这么做的话必须小心，要保证玩家依然能感觉到达成游戏的目标会得到实在的奖励。我们可以考虑将正反馈和负反馈配合起来，或者是找到一个对玩家的实力不造成真正影响的奖励方式，比如新的皮肤或者动画效果之类装饰性的奖励。

原理 7 加德纳的多元智能理论

1983 年，哈佛大学发展心理学教授霍华德·加德纳（Howard Gardner）提出了多元智能理论。该理论认为，作为个体，我们每一个人在认知方式上都各有长处和短处。比如，对于有些人来说在学校学数学很容易，对有些人来说却很难。这并不意味着他们不能学好它，而是学校对于数学的传统教学方式可能不适合这些学生。

加德纳在他的研究中发现人有 8 种不同的智能，或者说认知方式，以下分别解释了它们。

■ **数理逻辑认知**

通过批判性思维和逻辑来认知的过程，有时也被含糊地称为左脑学习。

■ **空间认知**

通过想象将物体在空间中的情形视觉化来认知的过程。专业的国际象棋选手们在脑海中想象他们和对手走的每一步棋的画面就是这样的一个过程。

■ **语言认知**

以听觉或书面的方式，通过文字来认知的过程。在这方面能力比较强的人擅长通过听演讲或者读书来学习。

■ **身体 - 运动认知**

通过身体或者周围的物理世界的移动来认知的过程。这些人如果能站起来，走动走动，或者与他们正在学习的东西有身体上的接触，就能学得更好。

■ **音乐认知**

通过各种和音乐有关的东西，包括音调、旋律、节奏和音色来认知的过程。这种类型的人能从童谣或任何以音乐形式呈现的东西中学习。

■ **人际交往认知**

在与其他人的互动中来认知的过程。这类人可能非常有爱心或者是一位交际花。

■ **内省认知**

自我反省和认知的过程。这类人通常都很安静，一直从自己的内心寻找答案。

■ **自然探索认知**

从周围相关的自然环境中认知的过程。

如果设计师在设计游戏时考虑到这些不同的智能，他们可以让游戏适应无限多的玩家。事实上这个理论在早年的游戏设计中有过体现。《星战前夜》（*Eve Online*）和《龙与地下城》（*Dungeons and Dragons*）就对擅长数理逻辑认知的人非常有吸引力，因为有许多统计状态需要玩家记住。魔方和类似《音乐方块》（*Lumines*）这样的游戏则对擅长空间认知的人有吸引力。《龙与地下城》和大多数基于文本的 RPG 对那些擅长语言认知的人有吸引力。而《红灯绿灯停》（*Red Light，Green Light*）和任何新兴的动作控制类游戏会吸引身体－运动认知类的玩家。抢椅子游戏和《塞尔达传说·时之笛》（*Legend of Zelda：Ocarina of Time*）利用音乐来吸引那些擅长这种认知方式的玩家。单人游戏如《纸牌》（*Solitaire*）和一些角色扮演游戏帮助那些自省认知类玩家更好地认识他们自己。寻宝类的游戏则让那些自然探索认知类的玩家从周围环境中去发挥他们的长处。

大多数游戏会利用这 8 种智能中的两到三个，而又有多少游戏会选择每一种都略有涉及呢？

原理 8　霍华德的隐匿性游戏设计法则

霍华德的隐匿性游戏设计法则（Howard's law of occult game design，隐匿性游戏设计法则，或称霍华德法则）可以用以下公式来表示：秘密的重要性 ∝ 其表面看来的无辜性×完整度（secret significance ∝ seeming innocence×completeness）。翻译成日常用语来说，这个方程式意味着秘密的重要性，是与其表面上看起来无辜的程度及其完整度直接成比例的。

隐匿性游戏设计法则解释了为什么很多有情感或是主题目标的独立游戏设计师，往往喜欢采用复古的格调，使用简单的机制和美术风格。事实上，很多成功的独立小游戏都可以这样总结："这个游戏看起来是一个简单的平台跳跃类（射击类 / 冒险类 / 解谜类）游戏，但是接下来……"复古风格营造的怀旧氛围让人联想到在游戏早期的历史上，游戏都是很简单的。在一个采用 8 位图形和芯片音乐的横向卷轴射击游戏中出现不可见的宇宙战队，其中形而上的哲学思考就更让人意想不到，也就更有力量。

通常，一个特定的机制在游戏的叙事和玩法层面包含一个非同寻常的情节转折，来展现游戏出色的叙事设计。例如，《时空幻境》（*Braid*）是一个《超级马里奥兄弟》（*Super Mario Bros*）风格的横向卷轴平台跳跃游戏，但是《时空幻境》的时间反转机制反映了爱与失去的本质。《超级小花》（*Eversion*）首先看起来是一个平台跳跃类游戏，随着玩家在不同世界之间穿梭的能力，洛夫克拉夫特风格的恐惧逐渐侵入。特里·卡瓦纳（Terry Cavanagh）制作的小游戏《勿回头》（*Don't Look Back*，也有译作《勿回望》或《不要往后看》等）看起来也是一个非常简单的平台跳跃类游戏，但是当游戏到了后半段进入地下世界之后，就不许玩家往回看了。这个游戏规则取材于希腊神话中关于英雄俄耳甫斯（Orpheus）的故事，当他下到冥府想救回他的爱妻欧律狄刻（Eurydice）时，冥王告诉他不许回头看，否则爱妻的灵魂将被拉回死亡之地。

以上提到的所有游戏都给玩家提供了类似的转折性体验，一个看似普通的游戏背后原来隐藏着具有深意的主题（参见原理 58 "主题"），就好像从一张魔术图片中突然出现一个秘密的设计。霍华德法则告诉我们这样的游戏刚开始的时候看起来越像是一个单一维度的、独立的体验，这种转折的力量就越大。

隐匿性设计和彩蛋（游戏中隐藏的一个秘密设计，比如将设计师的首字母放在其中）的概念也有关联，但主要是跟世界建筑相关的彩蛋。第一个彩蛋出现在雅达利 2600 的游戏《冒险》（*Adventure*）中，玩家输入游戏的创作者沃伦·罗比奈特（Warren Robinett）的首字母就能进入一个秘密房间。有的彩蛋让玩家有机会透过重重面纱进入另一个世界，从而在原本游戏的基础上带来一个巨大的空间扩张。例如，任天堂 NES 平台上最早版本的《塞尔达传说》（*Legend of Zelda*）中，玩家在完成游戏后输入主人公林克的名字 "Link" 就能发现在另一个地牢中的第二个任务。

　　霍华德法则在游戏的空间、时间、机制设计和经验累积方面都有影响。在关卡设计中，密密麻麻的、有许多隐藏通道和门洞相连的迷宫是隐藏秘密最有效的方式。游戏《恶魔之魂》（*Demon's Souls*）就是贯彻这一关卡设计原理的一个例子，其续作《黑暗之魂》（*Dark Souls*）中的主世界设计则将这一点体现得更加淋漓尽致。在时间方面，游戏中如果有一些重复发生却又让人不可预料的事件，这些时刻就有着特别强大的力量，如在超自然恐怖游戏《致命预感》（*Deadly Premonition*）中，黑色恶魔狗于午夜之后在街上狂吠时。隐匿性设计也可以应用于一些隐藏的机制。如在《恶魔之魂》中，一个隐秘的世界里玩家在服务器上的一系列动作可以解锁隐藏事件、区域和人物。当这样的秘密功能逐渐结合到一起，揭示游戏世界中更大的秘密的时候，它们的作用就发挥到了极致。如在《致命预感》中地图最终形成一条狗的形状，呼应那些在深夜的街上吠叫的恶魔狗，这个形象同时也呼应了游戏中乔装反派人物的那条宠物狗。

原理 9　信息

在一个游戏中的任何一个点上，玩家能接触到的信息数量和性质可以极大地改变其决定。比如，当一个玩家不知道游戏的规则或一般状态时，他们没有办法理性地做出抉择，他们所能做的就是做出大胆的、无知的猜测。所以，在游戏中的不同点展现出来的信息类型和级别，可以极大地影响这个游戏的玩法。

为了让人更容易理解，和游戏相关的信息可以采取不同的形式以及分类呈现。

游戏的结构

所有信息的类别中最首要的一个是游戏的结构，包括游戏的设定和规则。比如在卡牌类游戏中，整套的规则通常会被打印成小册子或者印在包装盒上。而桌上游戏比如跳棋对每一步有效的移动都有严格的规定。

游戏环境本身也应该被视为信息。在国际象棋中，棋盘布局和每一个棋子的位置都能通过国际象棋记谱法（algebraic chess notation）被当作纯粹的信息来传达。

如果一个游戏中的随机元素被作为参数而不是一个固定值来考虑，它也是一条明确的信息。例如，在《大富翁》（Monopoly）游戏中，玩家不知道他们的下一步到底能走多远，但是他们知道这是由两个骰子来决定的。

游戏的状态

第二类信息是游戏在任何一个时间点上的状态。广义的说，它可以被概括为"现在是怎么回事？"这类信息包括单位元素所处的位置、分数、资源的情况等。而它的含义比单个元素在地理上被放置在哪里这一点要更广泛一些。例如，在一些桌上游戏中有行动阶段和得分阶段，游戏目前处在哪个阶段这个信息关系到玩家的哪些行动是有效的。

游戏理论进一步描述了在游戏中这些信息是如何被利用的。当然，落实到具体的实现上，每个游戏利用这些原则的方式都不一样，但是一般的分类和分级对描述游戏设计师是如何处理这些信息是有帮助的。

完全信息（perfect information）

"完全信息"是游戏中一种最基本和限制最少的信息传达方式。在"完全信息"的环境下，所有的玩家都知道关于游戏的每一件事——环境，规则，当前位置，所有物品的状态，以及当前的游戏阶段。简单的桌上游戏通常属于这一类。当然国际象棋、跳棋、围棋和大富翁游戏都是这一类游戏的很好的例子。在这类游戏中，没有什么是保密的或隐藏的。

不完全信息（imperfect information）

与"完全信息游戏"相对的，如果在游戏中一部分信息对某一个或更多的玩家是隐藏的，那么这个游戏是"不完全信息游戏"。这类游戏中的一些例子包括经典桌游《妙探寻凶》（Clue）和《狼人杀》（Werewolf）。在这些游戏中，围绕着寻找那些向一个或多个玩家保密的信息展开的行动正是乐趣所在。在《妙探寻凶》游戏中，秘密信息是谁 / 在哪里 / 用什么武器完成的谋杀案。

《狼人杀》则是在全村范围内追捕隐藏的秘密狼人。这些游戏和更多这类游戏利用对信息的掌握和探索作为他们的"核心游戏循环"（参见原理 33"核心游戏循环"）。

不完全信息游戏还可以继续被细分和归类，这在本书的"信息透明"（参见原理27"信息透明"）一节中有更详细的阐述，因为所有这类的游戏都是围绕着和秘密相关的暗示展开的。另一个与这个主题有关的原则是"霍华德的隐匿性游戏设计法则"（参见原理 8"霍华德的隐匿性游戏设计法则"）。

原理 10 科斯特的游戏理论

《游戏设计快乐之道[1]》（*A Theory of Fun for Game Design*）是拉夫·科斯特（Raph Koster）出版于 2004 年的一本著作。这是所有设计师都应该熟悉的一本基础性著作。科斯特正面解决了如何使一个游戏让人入迷、引人入胜，并且令人快乐的问题。他同时也说明了当一个游戏没有魅力、不好玩的时候，它将如何失败。

这本书的前提是，所有游戏其实是低风险的学习工具，要让每一个游戏在某种程度上都是寓教于乐的。正如动物在玩耍中学习发挥支配地位的行为、如何狩猎等生存技巧一样，人类也在游戏中学习。好玩的学习体验让我们的大脑释放内啡肽，从而强化学习效果，并给玩家带来愉悦感。正是这种内啡肽循环让我们一再回去体验游戏。一旦这个游戏不再教给我们任何东西了，我们通常会逐渐感到无聊并且放弃玩它。

为了说明这一点，我们来看一个简单的游戏：三连棋（Tic-Tac-Toe）。这个游戏的核心机制非常简单。对于青少年来说，这是一个有趣的游戏，因为他们在学习掌握如何放置他们的棋子。对于一个玩了很多年这个游戏的成年人来说，这个游戏就没那么有意思了，因为他们对这个游戏已经足够熟练，这个游戏也就不再触发内啡肽的释放了。一个成年人（甚至是一个孩子）在有了足够的实践练习之后就会知道要想快速取胜，最初的几步该怎么走，或者至少要做什么来得到一个平局。一旦没有了学习，游戏就不再好玩了。现在，大人可以享受教会他的孩子玩这个游戏并从教学的过程中体会到乐趣，因为他们把自己学习和娱乐的经验传授给了孩子，这让作为家长和导师的他们从中感到骄傲和一种成就感。不管怎样，我们说，这种"快乐"来源于"超游戏思维"（参见原理 47 "超游戏思维"）。

科斯特的理论还不止于此。他还提到如何在游戏设计中用到"组块化"的概念。"组块化"是一个将复杂的任务分解成我们能够下意识地完成事情的过程（参见原理 99 "工作记忆"）。例如，在学开车的时候，新司机面临着很多需要同时进行的任务：看仪表板、后视镜、侧视镜，关注路上其他的车辆，看交通灯等。然而，当他学会了开车，他已经能够把这些信息分块成一个一个的单位，从而能够顺利地几乎不假思索地处理它。显然，经验丰富的司机在驾驶时必须集中精力，但他们并不需要特意在如何安全地检视他们的后视镜这个过程上花费时间。

科斯特在他的这本著作中融合了生物学、心理学、人类学和游戏理论的知识。他认为，在我们的体验中，我们在一个不断变化的过程中参与并接受挑战就是"快乐"，特别是在学习中。他断言，我们成功完成一个挑战——也就是在一个游戏中学会如何达成游戏目标——就是"快乐"的来源。他还指出，游戏设计的目标就是重组大脑的思维范式，而这是一个非常严肃的责任。他对此非常严肃并且提醒新入行的游戏设计师们在设计游戏时记住他们所承载的力量和责任。

十年后，进一步的研究已经证实了科斯特的观点。在这本书的第二版中，他把这些新的发现和相关研究也更新了进去，其中包括"拉扎罗的 4 种关键趣味元素"（参见原理 11 "拉扎罗的 4 种关键趣味元素"）以及在心理学和教育学研究中证实他的理论的一些发展。

---

1 [美] Raph Koster 著，赵俐译. 游戏设计快乐之道. 人民邮电出版社，2014.

原理 11　拉扎罗的 4 种关键趣味元素

拉扎罗（Lazzaro）的 4 种关键趣味元素是一个设计工具，它能在游戏设计师设计新的游戏机制时激发其灵感，研究人员也能利用它来检验这些游戏机制的效果。玩家对游戏的热忱来自于玩家最喜欢的那些动作引发情绪体验的方式。游戏机制创造玩家在游戏中的情绪体验，而这些情绪体验又回过头驱动玩家对游戏的热忱。人们玩游戏有以下 4 种原因：

首先，玩家对一种新的体验感到好奇，他被带入到这种体验中去并且开始上瘾。这被称为"简单趣味"（easy fun）。正如投篮或是挤破塑料气泡包装，这些事情本身就很有趣，不需要玩家通过得分或者保持分数来获得乐趣。

其次，游戏提供了一个可供追求的目标，并将其分解成一个一个可以达成的步骤。目标达成过程中的种种障碍给玩家带来挑战，让他们发展出新的战略和技能来实现"困难趣味"（hard fun）。过程中的挫折有望增加玩家的专注力，并且当他们最终获得成功，这种类型的乐趣让他们体会到史诗般胜利的感觉。

当朋友也跟你一起玩的时候，胜利的感觉会更强烈。在"他人趣味"（people fun）中，竞争、合作、沟通和领导结合在一起，增加参与度。"他人趣味"带来的情绪上的感受比其他 3 种加起来还要多。

最后一种"严肃趣味"（serious fun）描述的是玩家通过游戏来改变他们自己和他们的世界。比如有些人会通过射击游戏来发泄对他们老板的不满。人们会通过脑筋急转弯来锻炼自己的智力，通过跳舞来减肥。他们从节奏、重复、收集和完成中得到的刺激和放松为他们创造了价值，推动他们参与。所以游戏是一种对他们价值观的表达，而不是在浪费时间。

这 4 种关键趣味元素主要关注游戏玩家在他们的游戏过程中做得最多的行为。最畅销的游戏通常能同时满足这 4 种趣味元素中的至少 3 个。游戏玩家对这 4 种趣味元素都喜欢，尽管在这其中他们有自己偏好。通常在一个游戏过程中他们对这 4 种趣味元素的追求是交替着进行的。由于每一种元素会给他们带来不同的事情去完成和不一样的情绪感受，玩家会发现这样交替进行会让他们保持新鲜感，并且延长游戏的时间。

"简单趣味"是一个吸引好奇的玩家的并且促使他们加入游戏的诱饵。因为他们从中体验到新颖的控制方式，探索和冒险的机会和想象的空间，玩家对"简单趣味"的反应通常是好奇心、探索欲和惊喜。对于新加入一个游戏的玩家来说，探索、角色扮演、创造性和故事本身都让他们容易参与其中而不至太过挑战。当玩家在游戏的核心挑战任务上进展得不那么顺利时，"简单趣味"给他们提供机会去体验更多其他的情绪。有趣的失败是对创新的冒险者的奖励，而且它让游戏世界感觉起来更完整。

在某个时候，当这些新奇的感觉不再能持续获取玩家的关注时，他们会去寻找一些具体的事情来完成。游戏的一个最显著的趣味就是其挑战性。"困难趣味"提供一个清晰的目标让玩家去完成，并在完成过程中设置障碍，给玩家机会让他们运用策略，从而让他们在经历挫折之后从史诗般的胜利中感受到"自豪"（fiero），在这个过程中，游戏的难度和玩家的技巧间达到了一个良好的平衡。事实上，玩家必须感觉到非常沮丧，几乎要把遥控器扔出窗外。如果他们在这个时候取得了胜利，"自豪"的感受是非常强烈的，以至于他们要将自己的双臂挥向空中来庆祝。如果玩家只是按了一下按键就赢得了比赛，他们是不会觉得那么兴奋的。他们需要发展自己的技能去完成一个目标。"困难趣味"就是通过游戏困难度和玩家技巧间的平衡来做到这一点的。如果游戏不会越来越难，玩家会因为觉得无聊而离开。而如果游戏变难的速度太快，玩家会因为受挫而离开。

当与朋友在一起时，胜利的快感会让人感觉更好。围绕着游戏展开的社交互动能创造娱乐效果和社交纽带。游戏中像竞争、合作、照顾他人和沟通这样的"他人趣味"机制，给人带来社会性的情绪，比如愉悦、幸灾乐祸、友好。当一群人在同一个房间里一起玩同一个游戏时，更多的情绪体验会被引入，而这些来自"他人趣味"的情绪体验比其他 3 种趣味加在一起带来的情绪体验还要多。沃尔特·迪斯尼认为与人共享的体验是更具吸引力的体验，而更具吸引力的体验更有意义，游戏中"严肃趣味"让玩家感觉到他们自己和他们世界的改变。当"自豪"的感觉逐渐变淡，"严肃趣味"依然在为玩家创造价值和意义。游戏中的收集、重复和一些重要的机制能创造兴奋感、轻松感，以及获取道具、价值，或去达成某种状态的愿望。

原理 12　魔法圈

　　游戏的一大特点是它是一种幻想（这是关于游戏的定义中一个主要的部分）。例如，没有人在打棒球时会认为这是一场非生即死的战斗。不管合同上奖金的额度有多高，这始终是一场游戏。我们固有的假设是，游戏是一种独立于真实世界的存在。

　　20 世纪早期历史学家约翰·赫伊津哈（Johan Huizinga）在其著作《游戏的人》（*Homo Ludens*）中指出，游戏有其单独的活动空间：

　　"竞技场、牌桌、魔法圈、寺庙、舞台、网球场、正义的法庭，诸如此类，从形式和功能上都是一个游戏场。它包含特殊的规矩，如禁止污损、互相隔离、划分禁地、神圣化等。它们都是在我们的'正常'世界之中，为了一个独立行为而存在的临时世界。"

　　凯蒂·沙伦（Katie Salen）和埃里克·齐默尔曼（Eric Zimmerman）在他们的著作《游戏的规则》（*Rules of Play*）里谈到了这一段引文中"魔法圈"的概念并将之进一步阐明：当游戏开始，就和现实不一样了。小小的红色塑料挤压出的形状变成"酒店"，树成为"基地"，球门线成为一个需要不顾自己的健康和安全拼命保护的区域。

　　虽然对很多人而言，这个区分对他们而言并没有什么不同，但是让我们想想这样的游戏给我们带来的自由吧。整个数字游戏行业中最赚钱的游戏体裁，是围绕着努力成为第一个杀死对方玩家的人或是杀死最多对手的人展开的。这绝对是一件非常可怕的事情，除非你能够说，游戏本身是一个独立的现实。现在将这个思路用作一个创新的透镜：想想什么样的交互是人们在真实世界中（由于种种禁忌、由于物理定律或由于缺乏资源）而不能做到，却可以在游戏中冲破这些限制去达成的？

　　同时，一些游戏也会越过魔法圈的边界。若一个人玩游戏成瘾，游戏对他的影响肯定超出了魔法圈中的"现实"。一个对游戏中的损失耿耿于怀的玩家也将把坏心情带到这一天接下来的时间，这也就超越了魔法圈与现实世界时空的那层薄薄的膜。事实上，"破坏者"（griefers，参见原理 88 "破坏者"）就是这么一种不成器的人，他们拥抱这个魔法圈的界限能被突破的想法，并将其力量作为一种"超游戏思维"（参见原理 47 "超游戏思维"）。

　　当"这只是一个游戏"不再只是一个游戏，魔法圈的界限就被丢诸脑后了。

原理 13 采取行动

游戏中的博弈，依据博弈各方做决定或采取行动的先后关系，可以被区分为"同步博弈"（simultaneous game）或"序贯博弈"（sequential game）。区分这两种类型是非常必要的，因为它们的策略是不一样的，也就需要不同的设计考量。

在同步博弈中，博弈者必须考虑其他人会采取什么样的行动，但是不能肯定他们到底会做什么。每个玩家同时也知道博弈中的每个人都面临着同样的问题。像"其他玩家都在做什么"这样关键的信息会对每一步走下来的后果产生影响，但这些信息对于博弈者在做自己每一步的决策时并不可见（参见原理 9 "信息"和原理 27 "信息透明"）。

在序贯博弈中，每个博弈者能得到更多的信息。他们能通过其他人刚刚采取的行动，对其下一步行动进行可靠的预测。

同步博弈有可能是在时间上真正同步进行的，比如"石头剪刀布"（参见原理 22 "石头剪刀布"）；也有可能不是，博弈者各自在不同的时间进行自己的行动，只是他们在采取自己的行动时不知道其他博弈者的决策（这在实际效果上相当于"同步的"）。这类博弈是最容易通过一个正则形式（normal form）表格来表示"得益"（参见原理 19 "得益"）的。同步博弈可以用"纳什均衡"（参见原理 17 "纳什均衡"）来解决（博弈各方都有一个单一的最佳选择，并且如果基于所有选择可能带来的后果改变战略也不会得到更好的结果）。囚徒困境悖论也是一个同步博弈的例子（参见原理 20 "囚徒困境"悖论中的正则形式表格）。

序贯博弈要求博弈各方每一步都要轮流做出决策，如国际象棋。同时他们对于其他人之前做出的决定至少是部分知情的（他们掌握的有可能是不完全信息——参见原理 9 "信息"）。在多人博弈中，了解第一个行动会有哪些优势（或劣势），以及玩家在这个轮流的顺序中的哪一个点需要作出他们自己的决策，也是非常重要的。也就是说，谁已经作出了决策。

这类博弈的"得益"（参见原理 19 "得益"）通常通过扩展形式（extensive form）或决策树（decision tree）来表示。扩展形式基于可用信息的所有组合列举每一个玩家在每一次机会面前决策时的所有可能性，及其结果的得益。即使是在最简单的游戏里，这也会是非常复杂的数学运算。

序贯博弈通常要用逆向归纳法来解决。这个过程先确定所期望的结果，然后通过决策树逆向推导出能最终带来这个结果的决策。在理想的情况下，玩家也会基于对方之前的行动带来的结果，在树的任何一个分支去判断他们此刻最佳的行动方针。这使他们能够在游戏中的任何时候做出最优化的决定。这种反向规划过程基于理性人假设（每个博弈者都朝着为自己带来最佳结果的目标努力），是由约翰·冯·诺依曼（John von Neumann）和奥斯卡·摩根斯坦（Oskar Morganstern）在 20 世纪中叶引入游戏理论的。

原理 14　MDA：游戏的机制、运行和体验

游戏的机制、运行和体验（mechanics，dynamics，and aesthetics；MDA）是一个系统化的分析和理解游戏的方法。它是由三位资深游戏设计师马克·勒布朗（Marc LeBlanc）、罗宾·亨尼克（Robin Hunicke）和罗伯特·扎贝克（Robert Zubek）提出的。他们认为，所有游戏都可以被分解为以下组成要素。

- 游戏机制是整个系统的规则。它定义了这个系统如何处理玩家的输入，以及玩家能看到什么和做什么。在桌上游戏中，游戏机制相当于游戏规则和呈现方式。在电子游戏中，游戏机制就是和游戏源代码直接进行交互的规则。游戏的源代码控制着机器如何理解玩家的行动以及应该如何反馈。

- 游戏的运行讲的是在玩游戏的过程中整个系统的各个参与者的行为。它是这 3 个要素里最难被充分理解的。我们把你在 eBay 上对一件商品竞拍的过程当成一个游戏来举例，没有人规定你要在拍卖越接近尾声的时候叫价最好，但是大多数的叫价都是在这个时候发生的，因为竞拍者（玩家）不想让其他竞争者知道他们对这件商品的兴趣（通常他们会使用一些狙击软件）。这个运行状态的发生是由机制决定的，游戏机制规定了玩家能看到此刻的最高价格，而且竞拍必须在某一个规定的时刻结束。如果机制不是这样的，人们的竞拍行为也会不一样。游戏的运行是对游戏机制在真正运行时效果的展现。

- 游戏的体验是在游戏运行的影响下玩家的情感输出。在前面提到的 eBay 拍卖的例子中，由于运行时会产生"狙击"的情形，在拍卖接近尾声的时候，目前的出价最高者，其他竞拍者，和卖家都处在非常紧张的状态。我们没有一个目录来罗列所有不同的游戏体验，但是挑战、恐惧、紧张、幻想、社交和探索都是常见的游戏体验。

我们有两种不同的方式来实践 MDA。第一种方式，游戏设计师以定义在游戏中想要达到的体验效果作为设计流程的开始，然后确定要达到这样的体验效果玩家需要参与什么样的游戏运行过程，最终再为这样的运行过程设置游戏的机制。第二种方式，玩家反向体验 MDA 的 3 个要素并且首先与游戏机制进行互动，这些机制会带来特定的游戏运行，而这又将让玩家产生特定的体验。

MDA 只是在游戏中达到创造特定情绪反应效果的一个方法，它有它的局限性。玩家在游戏中体验到的情绪反应不仅仅是这个游戏的运行所带来的，它同时也跟玩家本人，以及他或她的背景情况有关。我们可以想象一下，一个孩子，一个青少年，和祖父母在玩《生化危机》（Resident Evil）时分别会是什么样的情形。孩子可能会觉得非常恐怖，青少年可能会觉得它非常让人振奋，而祖父母可能会十分排斥。另外，文化差异和时间段的不同也对这种情绪反应有影响。现在已经很少有人会对《死亡赛车 2000》（Death Race 2000）

中的场景觉得恶心了，但在当年它创造了相当大的轰动。

　　尽管如此，如果你要回到最初，开始对一个新游戏的机制进行分析，MDA 是一个相当有用的工具。以下是一些 MDA 能帮助你回答的问题：这些机制将创造什么样的玩家行为？这些行为是符合你的游戏的期望的吗？如果规则改变，对游戏的运行会有什么样的影响？你的游戏想要达到什么样的目的？哪些机制和你想要达到的目的是契合的，哪些是对立的？

机制　　→　　运行　　→　　体验

体验　　→　　运行　　→　　机制

原理 15   记忆和技巧

在游戏设计领域我们知道有很多游戏种类，比如 FPS、RPG 等。虽然这些分类方法是很好的，但我们不要忘了还有更广义的游戏分类方法把游戏分为记忆游戏和技巧游戏。

在记忆游戏中需要用到试错法、记忆识别、本能反应（平台跳跃游戏）以及对游戏本身的掌握。技巧游戏需要体能或精神上的实力和条件来完成。许多游戏在特定情况下对这两种类型都有涵盖。

让我们来看看几个记忆游戏的例子。一个 FPS 的玩家在他玩过这个游戏几次之后会玩得更好，因为当玩过几次之后他们记住了相关的元素和物品在哪里、道具在哪里升级、游戏的关卡是如何设定的。在一个横向卷轴的平台跳跃游戏中，玩家需要记住物体分别都在哪里以及它们是如何移动的，才能运用他们的反应能力来通关。一个赛车游戏也同时包含记忆游戏和技巧游戏的元素，因为玩家需要记住赛道的情况，并运用他们的反应能力来精确操作。

接下来是几个技巧游戏的例子。美式台球、桌球，甚至是台球、桌球的视频游戏，都需要通过数学计算来确定击球的角度，并了解一个 3D 球体在平面上如何与其他 3D 球体碰撞，及其有可能产生的六种结果。在一个 RPG 中，玩家需要从非玩家角色（non-player character，NPC）获取信息，去了解他们该如何运用武器和魔法组合来击败这个区域的 Boss。这引导玩家在脑海里形成他们下一步行动的路径，以及评估如何得到某些物品来帮助他们的角色通关。

而一些智能手机上的小型休闲游戏主要是需要记住手指该往屏幕何处点击或如何瞄准一个飞行的目标，大一点的游戏则同时具有记忆和技巧游戏的元素。那些优秀的投币街机游戏就是很好的例子。玩家需要很好的记忆来取得好成绩，因为这些游戏从来没变过。同时也需要高超的，游戏特定的技巧，比如如何聪明地利用有限数量的子弹，怎样使用正确的按键组合抛出一个超级勾拳，或是抓住跳跃的最佳时机。

在这两种不同类型的游戏中，记忆游戏可能会在玩了一段时间之后让玩家感到无聊，因为他一直在玩一样的游戏，用同样的方式，在同样的区域，使用同样的工具或武器。解决这个问题的方法是在保持游戏机制、故事和结果不变的前提下为游戏加入一些随机性，比如在不同级别中让敌人在不同的地方出现，跳跃平台以不同的速度往不同的方向移动，物品掉落的方式和地点不一样。在技巧游戏中，如果玩家没有达成完成游戏特定部分所需要的技能，他会感到越来越沮丧。当这种情况发生时，游戏设计师可以用不同的方式来解决。近期的一个例子是《超级马里奥 Wii》（*Super Mario Wii*），如果马里奥死了很多次，路易吉（Luigi）会出现为他做指示，帮助他通关；马里奥还可以飞回他进入的第一个世界去观看关于技巧、诀窍和隐藏物品帮助视频，以此来帮助玩家继续玩下去。游戏设计师还可以让游戏给玩家提供一些小提示，通过闪光效果来给玩家指示道路或者提示玩家需要拾取的物品。设计师还可以让一些多余物品隐藏起来，这也能在某种程度上给玩家提供帮助。敌人有时候也能给玩家带来帮助，比如，跳到一个敌人身上对他造成伤害的同时，玩家也借助这一跳弹到更高的高度，来到达他之前跳不到的平台上。

　　游戏中的记忆术也可以被用于提升现实世界中的技能。士兵、医生、学生、船长等都可以通过模拟现实技术来学习相应的职业技能，如拆卸检修武器或是进行某一类外科手术。

原理 16　"极小极大"与"极大极小"

与"最小 / 最大化"（min/maxing）不同，"极小极大"（minimax）是由约翰·冯·诺伊曼（John von Neumann）提出的概念，它指出，在一个零和博弈中，每个博弈者会选择一个能最大化他们回报的混合策略，由此产生的策略和回报的组合是帕累托最优的（参见原理 19 "得益"，原理 18 "帕累托最优"和原理 100 "零和博弈"）。在经济博弈论中，极小极大原理常被用来减低机会成本（也就是后悔）。

根据冯·诺伊曼的观点，这个定理是所有现代博弈论的基础。这个定理反过来就是"极大极小"（maximin），它应用于非零和博弈（non-zero sum games）。极大极小原理解决的问题是玩家致力于防止最差的后果，想要避免错误决定导致的最坏结果。总的来说，极小极大和极大极小几乎是相同形式的理性自利，博弈者都认为他们做出正确的决定来保证自己的成功。

- **极小极大**。选择这个策略的人是机会主义者或乐观主义者，他们的决策目标是让对手得到最小回报。他们并不见得总是选择让自己获得最大成功的选项，因为那不一定能减少他们对手的收益。他们的选择将永远是"纳什均衡"（参见原理 17 "纳什均衡"）。
- **极大极小**。选择这个策略的是杞人忧天者或悲观主义者，他们会做出保守的决定来避免自己得到负面的回报。他们倾向于选择最不会带来可怕失败后果的选项。这些人是那种宁愿把钱存在银行里，不会去投入股市承担风险的类型，他们甚至会担心银行倒闭而选择把钱藏在床垫下。他们关心的是将他们的最小收益最大化。

在数学上，极小极大算法是一个递归算法，用来在参与人数确定（通常是两个）的博弈中做出下一步的决定。博弈的每一个参与者的每一个可能状态都被赋予了一个通过位置估算函数计算的值，这个值表示玩家要如何成功才能达到该位置。根据函数，理性的极小极大博弈者将基于对手下一步的可能决策和预设值，做出让该位置上最小值最大化的决策。

极小极大也被应用于没有其他对手，但结果取决于不可预知事件情形下的决策。它帮助人们在自然、偶然的机会，或环境影响下的决策，比如决定要不要投资一个高风险的股票，如果该公司成功了，投资者将获得极可观的收益；如果失败了，这个投资将一败涂地。在这样的情形下，可能出现的结果与有两个参与者的零和博弈类似。

原理 17   纳什均衡

纳什均衡是以它的发现者约翰·纳什（John Nash）命名的。他在约翰·冯·诺依曼（John von Neumann）和奥斯卡·摩根斯坦（Oskar Morganstern）等人"零和博弈"（参见原理 100 "零和博弈"）策略（Zero-Sum strategies）研究的基础上发展了这个概念。纳什认为，在任意一个混合策略博弈中有这样一个策略组合，在该策略组合上，任何参与人都有有限的选择；而当所有其他人都不改变策略的时候，没有人会改变自己的策略，因为改变策略会导致该博弈者得到的得益降低，那么这个策略组合就是一个纳什均衡。

当所有的参与人都有一个最佳选择，而且改变策略不会让他们得到更好的结果时，这就是一个纳什均衡。纳什均衡的结果不一定是该博弈中的"帕累托最优"（参见原理 18 "帕累托最优"）结果。纳什均衡的例子包括三连棋（Tic-Tac-Toe，纳什均衡的结果是平局）和囚徒困境（双方都保持沉默就是一个纳什均衡）。

纳什均衡原理可用于预测博弈者在他们最优策略的基础上互动的结果。如果不把另一方的行动考虑进来，纳什均衡就无法预测一个决定将带来的结果。因此，纳什均衡仅在博弈各方都对博弈可能的决策和结果有共识的情况下有效。这时，博弈各方都明白所有人可能的结果及回报，所以能判断出哪个决策是对自己最有利的，哪个决策是对其他人最有利的（参见原理 9 "信息"和原理 27 "信息透明"）。

纳什均衡可以通过数学方法，基于回报矩阵（payoff matrix）得出。不过只有在参与人数不多和可用策略不多的情况下这个矩阵才好用。如果一个单元格中的第一个回报数字和第二个回报数字都分别是该列和该行中最高的，那么这个单元格所描述的情形就是纳什均衡。例如，当一个游戏中有两个玩家，而他们分别都有 4 种可能的策略，其回报矩阵如下（其中用斜体字标出的就分别是玩家 1 和玩家 2 的纳什均衡）：

	玩家 2-A	玩家 2-B	玩家 2-C	玩家 2-D
玩家 1-A	0,0	*20,15*	0,10	10,0
玩家 1-B	*15,20*	0,0	10,0	0,10
玩家 1-C	10,0	0,10	*15,15*	15,0
玩家 1-D	0,10	10,0	0,15	*15,15*

只要单元格中两个值的顺序没有改变，并且这两个值分别保持在该列和该行中最高，纳什均衡将保持稳定。在上表中，BA 的值 15，20，AB 的值 20，15，CC 的值 15，15，DD 的值 15，15，就是这个矩阵中的纳什均衡。而如果 CC 和 DD 的值变成了 10，10，它们就不再是纳什均衡，因为它们所在的行或者列中列出的回报里都有比它更高的值。[1]

---

1 原文表格及正文中数值无法对应，所以译者对正文中数值做了与表格相应的修改。原文正文中关于数值的表述如下："在上表中，BA 的值 11，12，AB 的值 12，11，CC 的值 16，16，DD 的值 16，16，就是这个矩阵中的纳什均衡。而如果 CC 和 DD 的值变成了 10，10，它们就不再是纳什均衡，因为它们所在的行或者列中列出的回报里都有比它更高的值。"

　　当然，错误、复杂性、不信任、风险和非理性行为都可能影响参与人的策略，导致他们选择低回报的策略，但他们可能会觉得他们有很充分的理由作出这样的选择。参与人之间的沟通（游戏之外的协议以及可信或不可信的威胁）也会影响选择，特别是在连续玩同样的游戏时。这些沟通可能导致一些超游戏的策略（参见原理 47 "超游戏思维"）的产生，比如以牙还牙。这种情况在两个人连续重复 "囚徒困境"（参见原理 20 "囚徒困境"）的情境时经常出现。

　　纳什均衡也被用来分析政治和军事冲突（包括冷战时期的军备竞赛）、经济趋势（如货币危机），拥堵地区的交通流向。纳什均衡的应用也被用来支持另一个博弈理论 "公地悲剧"（参见原理 26 "公地悲剧"）。如果博弈在纳什均衡的情况下反复进行（参见原理 45 "迭代"），博弈者之间的重复互动会带来形成一个长期策略的基础，并取代任何统计预测的结果。博弈者之间选择的合作性会更大，这在博弈者能够自由沟通的情况下尤其明显。

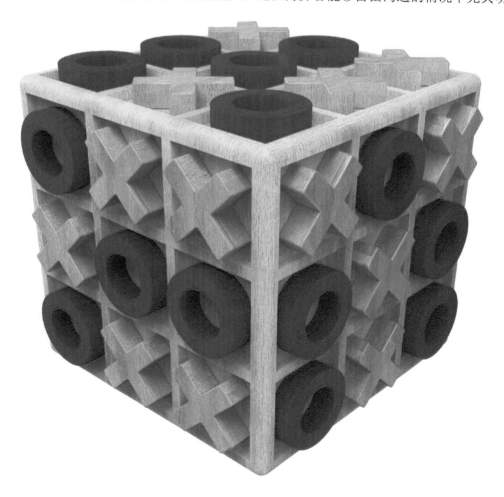

原理 18　帕累托最优

许多博弈论的例子都是零和命题——其中参与一方的收益来自于另一方的损失。当然，在游戏中，这是常有的状况，特别是玩家需要夺取资源的游戏——比如桌游《大战役》(*Risk*)。并且当一方通过夺取领土地位上升的时候，自然而然地，另一方的地位就下降了。

然而，也有一些情况下，玩家可以在不影响其他玩家地位的情况下让自己的地位上升。意大利经济学家维尔弗雷多·帕累托 (Vilfredo Pareto) 在财富和收入分配等领域研究了这样的关系。人们以他的名字命名了他的发现。

帕累托不是单独地看每个个体的增长，而是将它们放在整个系统中去分析。例如，当有人得到了一定数量的货物、金钱、土地等，而且是从一个人手上转移到了另一个人手上（比如通过销售），这就是"帕累托交换" (Pareto shift)。显然，一个零和交换对整个系统而言并没有优化作用。但是，如果一个交换过程在改进了系统中一个人的状态的情况下没有直接损害系统中其他人的利益，这个变化就是一个"帕累托改进" (Pareto improvement)。

当 RPG 中的一个角色升级自己的能力和技能时，这就是一个帕累托改进。在典型的游戏世界中，这样的动作不会导致其他玩家的能力削弱。另一方面，如果一个玩家偷了另一个玩家的装备，这就不是一个帕累托改进，因为这会让被偷的一方能力削弱。

通常，参与双方都可以进行帕累托改进，甚至进行多次。当一个系统达到了没有帕累托改进的余地的状态，它就达到了"帕累托最优" (Pareto optimality)，又称"帕累托效率" (Pareto efficiency)。这时，系统中的任何一个交换都是零和的——也就是说，这个交换将损害系统中至少一方的利益。

帕累托最优的一个重要特性是它不一定是一个公平合理的分配，它也并不意味着这个分配是可能的分配方案中最好的。它只是说明当前的选择已经被扩展到了没有任何人可以在不损害其他人利益的情况下进行改善的地步。

此外，有趣的是，"占优策略"（参见原理 84 "占优策略"）并不总是与帕累托最优一致。例如，在囚徒困境中，占优策略（也就是背叛）就跟帕累托最优（双方合作）不一致。这是因为双方"保持沉默"相当于一系列同步的帕累托改进——每人都在不使对方状况变差的情况下让自己的状况变好了。在这一点上，没有人能在不让对方变差的情况下让自己的状况变好（要让自己的状况变好只能背叛对方，也就意味着对方的状况变差）。

在合作的游戏或系统中，帕累托最优是一个理想的目标。在竞争的游戏中如果达到了帕累托最优，则往往意味着僵局或不可避免的冲突。在策略游戏如《文明》(*Civilization*)中，玩家通常要扩大自己的领土，直至达到其他玩家领土的边界。在一般意义上，只要玩家不从其他玩家那里获取土地，这些领土扩张都是帕累托改进。但是，当所有玩家都得到了所有空闲的土地，帕累托最优就达成了。这时要再扩张自己的领土，唯一的办法就是从其他玩家那里抢夺土地。

帕累托改进（及其最终带来的帕累托最优）在资源平衡的游戏机制中也经常被使用。如果一个游戏需要你去决定建造或生产什么类型的单位（利用有限的金钱、时间、空间等），通常就需要用到帕累托最优。例如，在资源有限的情况下，玩家需要决定是建造进攻单位还是防守单位。只要建造其中的一个不会影响到建造另一个的进度，建造其中任何一种都是帕累托改进。而当你的地盘上已经建造了最大数量的建筑，要再建造其中任何一种就必然导致另一种的数量减少了。需要再次强调的是，达到帕累托最优并不意味着这就是最佳组合，只是表示所有的资源都被有效地使用了。

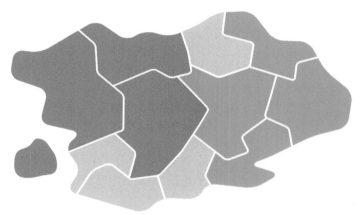

帕累托改进存在：每个玩家都能在不影响对方利益的情况下扩张自己的土地

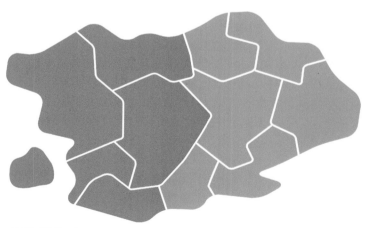

帕累托最优：每个玩家都不能在不影响对方利益的情况下扩张自己的土地

原理 19　得益

得益（payoff）是指在游戏中一个决定所带来的产出或结果（参见原理 18 "帕累托最优"），不管是正面的还是负面的，不管它如何被计量。它可能是分数、利润或得到其他形式对玩家有激励作用的价值（参见原理 28 "范登伯格的大五人格游戏理论"）。

有一点很重要，不是所有的玩家玩游戏都是出于追求同样的回报（参见原理 3 "巴特尔的玩家分类理论"）。有一些玩家是为了得到高的分数或升到更高的级别，有一些玩家则对于他们能种出多少种花更感兴趣（参见原理 47 "超游戏思维"）。

假定游戏中的所有玩家都是理性自利的，也就是说每个人的行为都以获得自己的最佳回报，并且将其最大化（参见原理 16 "'极小极大'与'极大极小'"）为目的，根据玩家自己的价值体系，每个决定对玩家带来的影响都是合理的。尽管有时玩家会去做他们认为对自己团队最好的事情，期望它也能给自己本人带来有利影响（参见原理 29 "志愿者困境"），但通常理性自利意味着玩家的决定是只为自己的利益打算的，并不考虑对其他玩家带来的影响。

在博弈论中，得益可被分为基数的和序数的。

- 基数得益（cardinal payoff）是固定量的值，用可计量的货币、点数或其他可用之物做计算单位。基数回报是定量的，有特定的数目。这种回报可以设置在不同的层级来区别结果之间的不同关系。基数得益的要点是具体数值，比如 1 或 0，是或非，有奖或无奖。
- 序数得益（ordinal payoff）采用得益产生的顺序而不在于其数值的大小来描述结果。序数得益是相对的比较值，从最好到最差排序，就像竞赛一样，排序名次比时间和距离更重要。序数得益的要点是排序，如 1，2，3，8，…，12。赢家是居于排列之顶的第 1 号，而不是其他什么特别的数目。

当游戏是同步进行的，也就是说，当一个玩家必须在不知道其他玩家会怎么做的情况下采取行动时，通常会有一个正则形式的表格来显示得益（参见原理 13 "采取行动"），这样我们就可以比较游戏双方所做选择的结果。前文中提到的剪刀石头布（参见原理 22 "石头剪刀布"）的表格就是一个"零和博弈"（参见原理 100 "零和博弈"）中基数得益的例子。这种显示方式使结果一目了然，或是赢或是输，而不是按照从赢到输的多点分级的方式来显示。

然而，如果两人进行一场剪刀石头布比赛，比赛中两人需要连续进行多次剪刀石头布，这场比赛的获胜者并不是赢得最后一次剪刀石头布的人（这就是基数得益），而是在连续比赛中获胜次数多的那个人。在这个例子中，玩家按得分顺序排名，故此是序数得益。

在平衡一个游戏的得益时需要注意的一点是：在决策过程中的理性自利（没有与其他玩家之间的可信承诺）通常会给玩家带来最坏的结果。比如在"囚徒困境"（参见原理 20 "囚徒困境"）中，如果双方合作（不采用理性自利），他们会同时得到对自己而言第二好的结果。而如果他们分别都选择能让自己被释放的做法，也就是背叛对方，他们反而都会被判更长的刑期。我们要注意尽管这个游戏看起来是基数得益，它实质上却是序数得益的。因为唯一重要的一点是它们的顺序保持不变（-10，-4，-1，0）。这些数字可以是任何值，只要它们始终保持顺序不变（参见原理 20 "囚徒困境"中的表格）。

原理 20   囚徒困境

囚徒困境（prisoner's dilemma）是一个简单的博弈，它解释的是为什么两个博弈者在博弈时会分别作出不是对自己最有利的，却能通过合作达成一个更好结果的选择。它描述了一种在序数得益（参见原理 19 "得益"）的同期非零和博弈（通常是对称的）中的相互信任，这种博弈假设博弈者是理性自利的（参见原理 1 "游戏的对称性 / 非对称性和同步性"和原理 100 "零和博弈"），尽管在博弈中频繁地看到合作（甚至是在博弈者之间不允许沟通联系的情况下）并且合作行为会得到重奖，伴随着帕累托最优中的相互合作（参见原理 18 "帕累托最优"）。博弈可以按照传统方式进行，如单一决策，或重复决策，产生基于过去结果的行为模式。在右图的表格中，当一个囚徒合作时，也就是他保持沉默以支持另一个囚徒。当一个囚徒背叛时，也就是他向审判者告发另一个囚徒。

如果两个博弈者连续完成了多次囚徒困境的情景，并基于对方之前的行为各自形成了一个对对方的看法，这两人都将开始基于对方的行为来规划自己的策略。连续玩 N（N 已知）次游戏时，最合理的决定是每一次都背叛对方。然而在实践中，大多数人都不会超理性到能够意识到对他们来说能得到最大利益的做法是：每一次都与对方合作，然后在最后一次背叛对方。假定他们会这么做，这也会让他们推断对方也与他们一样理性，也会做出同样的事情。于是他们在倒数第二轮选择背叛，如此循环往复，回到开头。而如果 N 是未知的，这个做法就不再是游戏的 "占优策略"（参见原理 84 "占优策略"），而是一个 "纳什均衡"（参见原理 17 "纳什均衡"）。

事实上，一些真正的人类博弈者发展起来的策略不那么理性，但却更加成功。这些策略中最基本的一个是 "以牙还牙"（Tit-for-Tat）。博弈者在每一轮中都做对方在上一轮做的事情，最后开始第一轮的合作。这个博弈理论早期的研究者之一罗伯特·阿克塞尔罗德（Robert Axelrod）提出了博弈者的策略要获得成功的 4 个必要条件。

- 要友好（nice）。不要首先背叛（尽可能的合作）。
- 不嫉妒（non-envious）。不要试图比对方得到更多（优化平衡积分）。
- 要报复（retaliating）。当对方背叛你时一定要报复（不要永远合作）。
- 要宽容（forgiving）。报复之后要改回合作（如果对方不背叛你的话）。

一些非传统的方法，比如随机背叛（博弈者随机选择是合作还是背叛，这样在面对比较友好的对手时能获得一些小利益），巴甫洛夫回馈（Pavlovian reward）（博弈者在每一次对手做出与自己上一轮所做的同样的事情时选择合作），团队合作（使用 "最小 / 最大化" 策略（参见原理 75 "最小 / 最大化"），指派团队中某些成员故意输掉，以让其他成员能赢。团队内用类似摩斯密码的密语来交流——就好像是一个合作 / 背叛的合谋计划），有时能获得比传统方法更多的利益。这样的博弈可以在单人间进行（在不同结果之间平衡，每一个结果都有其好处及其影响）；每组多个博弈者共同进行，每人控制结果的一部分；或甚至在多个组之间进行，它们负责在不同组之间选择合作还是拒绝（或资源的分配）。这有时会造成 "公地悲剧"（参见原理 26 "公地悲剧"）。额外的变量可能会带来非同步博弈（参见原理 1 "游戏的对称性 / 非对称性和同步性"），基数得益（参见原理 19 "得益"），或自愿的信息透明（参见原理 27 "信息透明"），并且明显改变博弈的性质。

最近，威廉姆斯·普雷斯（William Press）和弗里曼·戴森（Freeman Dyson）提出了一个被称为"零行列式策略"（zero-determinant strategy）的新方法，该方法认为一个博弈者可以通过让对方相信他们会做出某个特定选择的方式来控制博弈，该博弈者通过利用假信息来从对方那里获得好处。不过他必须能够判断对方使用的是什么策略。尽管这种方法在一些允许玩家相互沟通的游戏中很常见［比如扑克中的迷惑战术（bluffing）］，目前这种二阶分析在囚徒困境中的研究还没有完全完成，这主要是因为在囚徒困境中双方是被禁止沟通的。尽管它已被证明只能提供一个暂时的优势——特别是在对手也知道零行列式策略的情况下，这种高度基于概率的方法至少重新开启了对囚徒困境的研究，并且可能带来对这个博弈理论模型的"超游戏思维"（参见原理 47"超游戏思维"）策略的进一步理解。

囚徒困境最早由梅尔文·德雷希尔（Melvin Dresher）和梅里尔·弗勒德（Merrill Flood）在 1950 年提出［其命名者是阿尔伯特·杜克（Albert Tucker）］。它在经济学研究（主要是在业务拓展和广告活动中）、军事决策过程（武装升级或裁军都可能引起战争）、心理学（作为成瘾模型的决定性因素）和生物进化理论（研究遗传的或社会的欲望能否克服个人的需要和需求）中都被广泛使用。它提供了一个有用的范例，可以对比理性预期和非理性的行为来判断在数学概率范围之外的潜在动机。

囚徒困境是：你会背叛你在犯罪活动中的搭档还是与他合作（来骗过警察）？
其核心在于双方在合作还是背叛对方的问题上如何决策。

囚徒困境表格

囚徒 1（P1）		囚徒 2（P2）	
		合作	背叛
	合作	每人获刑 6 个月 （A:A）	P1 获刑 5 年，P2 无罪释放 （C:B）
	背叛	P1 无罪释放，P2 获刑 5 年 （B:C）	每人获刑 2 年 （D:D）

只要 B>A>D>C[1] 并且它们是成比例的，游戏是不需要对称的（symmetrical）。

1　此处 B、A、D、C 是指每个人此种情况下在游戏中的得分。如果 B 是无罪释放的情况，得分最高；则 C 是最差的情况，获刑 5 年。因此得分排列为 B>A>D>C。

原理 21　解谜游戏的设计

解谜游戏是游戏中很有意思的一类。设计师斯科特·金（Scott Kim）这样定义"谜题"（puzzle）："有趣的东西，并且有一个正确的解答"。这个定义尽管模糊，却至少提出了一个定义谜题的有用元素：它是有解的。而一个谜题要想达到效果，还有一些其他的要求。

一个好的谜题对它的受众而言既不能太容易也不能太难。一个完美的谜题应该有恰到好处的难度，让玩家感到挑战，又不会因为太过困难而受挫放弃。要让一个谜题游戏做到这一点，一个好的方式就是面包屑式（breadcrumb）的引导。这些谜题内或谜题外的提示一步一步引导用户接近答案。例如在数独（Sodoku）或纵横填字（crossword）游戏中，随着一个一个空格被填上，玩家也就得到了对剩下的空格更多的提示，那些剩下的空格也就变得越来越好填了。在玩纵横填字时，尽管一个玩家在刚开始并不知道其中的一个单词，随着其他单词的填入，这个未知单词的其中一些字母会被陆续填上。面包屑式的引导将游戏中的线索渐进式地提供给玩家，一步一步地降低难度，接近玩家对困难的容忍度。

一个好的谜题应该需要一个聪明、智慧的解决方法，而不是通过简单的蛮力就能解决。看看这个例子："我现在想的是 1 到 10 中的一个数字。你猜是哪个？""1？""不是。""2？""不是。""3？""不是。"这就不是一个好的谜题。一个仅有寥寥数条错误路径的迷宫不是一个好的迷宫。因此，一些小测试和谜语都不是好的谜题，因为答题者要不就知道答案，要不就不知道，没法把这些谜题分解成一步一步来进行解答。

一个谜题的产生可以是随机的，但当玩家开始解答它时，它必须是确定的。例如，一个数独题可以被随机生成，但当玩家开始解答这道题时，任何两个填了同样数字的玩家都会得到完全相同的结果。如果两个玩家在玩同一个扫雷游戏，当他们以同样的顺序点了同样的方格，他们的经历将是一样的。相反，如果两个人在打网球，当他们做了完全一样的动作，他们的经历会完全不一样。国际象棋，除非你的对手是专门为这个目的而设计的人工智能，也是不确定的。如果一个玩家走了 5 次相同的棋，他的 5 个不同对手会有 5 个（甚至以上）的应对方式。如果规定好确定的几步棋和一些明确的规则，我们也可以设计一个与国际象棋有关的谜题。比如一些解谜杂志中的国际象棋问题会规定对手的走棋规则，要求在这种情况下在 X 回合后将死对手。

最后，一个好的谜题必须让玩家知道目标是什么，他们需要进行怎样的操作来达成这个目标。有些谜题让人困扰就是因为玩家不知道规则。一些老的探险游戏就有这样的问题——像是一个房间里有一些元素很明显是一个谜题，但是这个谜题的目标是什么、需要操作哪些东西、如何操作这样的信息却不展示给玩家。这些"谜题"的设计师通过模糊化规则来增加解谜的难度，但是这样的谜题是不公平的。"玩家需要解决'如何解决这个问题'的问题"只是一个自以为聪明的借口，让我们不能设计出真正有趣的谜题。

总而言之，当我们设计一个谜题时，要确保：

■　在难度上要让玩家保持在一个"心流"（参见原理 38 "心流"）的状态；

■　需要一个聪明、智慧的解决方法；

■　是确定的；

■　从其目标和机制上来说是明确而公平的。

原理 22 石头剪刀布

石头剪刀布也被称为"Roshambo"，是一种只需要通过手势参与的、同步的、半随机的，零和博弈（参见原理 100 "零和博弈"）。从表面上看，它是一个非常简单的游戏，其中的很多属性在游戏设计中经常被参考和引用。然而，其简单的外表下隐藏了一些复杂的思想。

游戏采用 3 种手势，其中每一个都跟另外两个相互制约，其制约关系如下。

	石头	布	剪刀
石头	平局	布胜	石头胜
布	布胜	平局	剪刀胜
剪刀	石头胜	剪刀胜	平局

从上表中可以看到，每一个手势——石头（拳头），布（摊开的手掌），和剪刀（两个手指分开）——分别都能胜过一个其他手势，但同时也能被另一个其他的手势击败。这个博弈有着完美的平衡，形成一个循环的制约关系：石头 > 剪刀 > 布 > 石头。

熟练的玩家基于对游戏模式以及对手行为模式的了解，获胜的几率可以高过默认的三分之一。你可以在游戏中使用一些策略，比如用一些小花招来迷惑对手，像是叫出一个跟自己出的手势不一样的手势名字，或干扰对手让他出一个无效手势（不是石头、布、剪刀中的任何一个）以至于受罚（参见原理 47 "超游戏思维"）。有些玩家会为了比赛把他们的 3 个可能选择都准备好，以免一时头脑混乱或产生犹豫。但当比赛允许玩家互相看到对方的行为时，这也可能会导致对手能够预见他们的行为。

人们也开发了一些计算机程序可以与其他计算机"玩"石头剪刀布，它们可以通过算法对对手的行为模式及其发展趋势进行分析，基于马尔科夫链（Markov chains）、战略预测和随机数的算法来选择应对的手势。

这种循环的制约关系已被应用于其他游戏中，以防止占优策略的演进，保证游戏过程中各种类型的元素保持同等的价值（参见原理 84 "占优策略"）。例如，在现代战争游戏中，坦克可以打步兵，步兵可以打炮兵，而炮兵可以打坦克。通常一个兵种的优势意味着他们针对于另一种单位的攻击力较弱和具有特定的防守能力，但是它们之间直接的制约关系可以被属性值削弱或改变（参见原理 27 "信息透明"），也可以受到天气、地形、战术和其他因素的影响（参见原理 48 "对象，属性，状态"）。

在桌面纸牌游戏中，石头剪刀布方式常被用来调节游戏环境以及平衡各种能力增强装备（参见原理 64 "平衡和调试"）。有些游戏甚至会把互相制约的关系链中的物品从 3 个增加到 5 个甚至以上，或创造网状而非链状的制约关系，以带来更复杂和多变的战略组合。

然而，一个需要注意的问题是，石头剪刀布有时也被一些不愿意去探索更有趣的、创新或独特的方法来平衡游戏机制的设计师当作偷懒的依托。如果石头剪刀布方式是我们针对功能设计的唯一策略，我们要小心了。

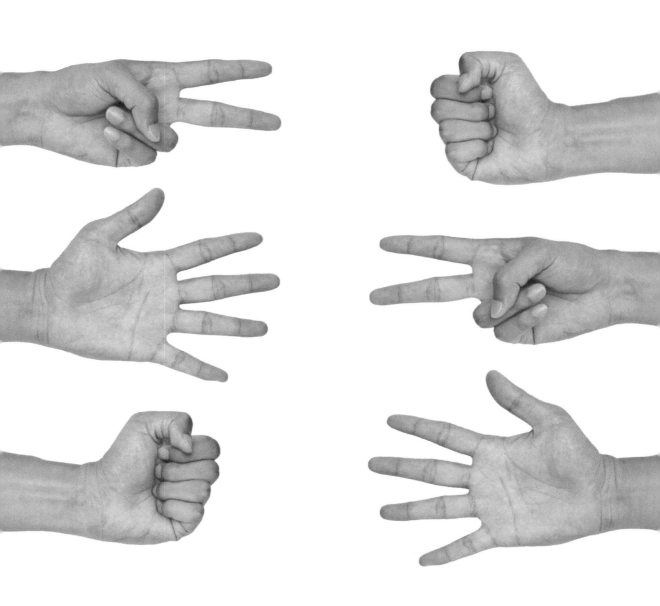

原理 23 7 种通用情感

游戏设计师往往致力于唤起玩家的情感，他们花费很大的精力去研究"兴趣曲线"（参见原理 71 "兴趣曲线"），以及设法保持玩家对游戏的注意力。面部表情可以让我们很大程度上了解到一个人对另一个人的感觉，以及向别人传达这个人此刻的心情。

情感是非常个人化的体验，并且在不同文化中成长起来的人可能会因为不同的原因感觉到不同的情感。更重要的是，在不同的文化下，人们表达情感的方式也是不一样的。在一些文化中，保持安静意味着谦恭、恐惧或害羞，而在另一些文化中，它暗示的是强迫和隐藏的威胁。

所以研究人类的情感是非常棘手的。不过人类彼此之间还是有着很多共同点的，有一些情感也是普遍存在的。科学家们想到了通过研究人类的面部表情并且进行跨文化的比较的办法。他们发现有 7 种通用的情感表达是世界的每一种文化公认的。

这 7 种情感是：

- 惊讶（surprise）；
- 轻蔑（contempt）；
- 愤怒（anger）；
- 喜悦（joy）；
- 恐惧（fear）；
- 悲伤（sadness）；
- 厌恶（disgust）。

这 7 种通用情感是由美国军方心理专家，加州大学旧金山分校心理学教授保罗·艾克曼（Paul Ekman）最先提出的。他发现，情感总是无意识的、稍纵即逝，但可以很容易地通过人们面部的变化看出来。这是情感和情绪的一个显著区别，后者持续的时间更长，并且可以被隐藏和掩饰。

一些老游戏已经开始利用这些情感表达，例如游戏《毁灭战士》（*Doom*）中抬头显示器（heads-up display，HUD）上显示的玩家角色形象。角色形象的基本表情是轻蔑而愤怒的，这些表情用最视觉化和最容易识别的方式在游戏过程中向玩家传达了游戏角色的情感。

游戏经常利用游戏中角色表现出这些通用情感，由于图形化的处理比直接观察面部表情更为直接，这种表现能够达到更好的沟通效果。游戏《黑色洛城》（*L.A.Noire*）就是利用这一点创造了非常丰满和充实的故事。这个游戏中的人物面部表情非常容易辨认，即使是稍纵即逝的一个表情。由于这些通用情感表达的应用，玩家能够随着游戏中的人物表情的变化，更多地了解人物，并与他们建立起同类的认同和情感联系。

惊讶　　　　　　　　轻蔑

愤怒　　　　喜悦　　　　恐惧

悲伤　　　　　　　　厌恶

7 种在所有文化中都通用的面部表情分别是惊讶、轻蔑、愤怒、喜悦、恐惧、悲伤和厌恶。

原理 24　斯金纳箱

　　预测玩家的行为是游戏设计师最基本的需求，这使得心理学领域对他们有巨大的吸引力和实用价值。其中一个被过分广泛使用的理论流派——行为主义，是在 20 世纪中期由伯尔赫斯·弗雷德里克·斯金纳（B.F. Skinner）实施并推广的。斯金纳验证行为主义者理论的方式之一是把老鼠关在笼子里，并针对它们不同的行为给予不同的食物奖励，然后检测这些做法的效果。

　　斯金纳做了如下尝试：

- 老鼠每次按下杠杆，就给它食物作为奖励；
- 老鼠每 X 次按下杠杆，就给它食物作为奖励；
- 在老鼠每隔 N 分钟后第一次按下杠杆时给它奖励；
- 当老鼠每第 X（X 是随机的）次按下杠杆时给它奖励；
- 在老鼠每隔 N（N 是随机的）分钟后第一次按下杠杆时给它奖励。

　　实验结果表明老鼠对几种不同的奖励周期有十分明确的回应方式。有一些奖励周期引起老鼠狂热地一次又一次按下杠杆，以期得到更多食物；有一些则相对温和，造成老鼠按杆的机会相对较少。

　　如果要让老鼠尽可能多按杆，最好的奖励周期是以变化比率的形式，也就是使用随机变化的参数。在给老鼠加强"多按就会多得"印象的同时，又让它们摸不清楚到底按多少下才能得到食物。

　　一些游戏设计师将这一发现转化成了更适用的结论。他们认为玩家与游戏的交互等同于价值，因此，最能引导玩家与游戏产生更多交互的方式就是以随机的周期给用户奖励。角色扮演类游戏（roleplaying games，RPG）很好地利用了这一理论。如果玩家杀死一个骷髅，有时候会得到魔法宝石。而玩家不知道什么时候会有宝石掉落。玩家不知道什么时候他们能捡到掉落的宝石，却理解杀死越多的骷髅就有越多的机会得到更好的宝物，所以他们会去疯狂地杀骷髅。

　　设计师们对于这种模式化的重复试验看法并不一致。玩家真的只是箱子里的老鼠能够被设计师操纵于股掌吗？如果是这样的话，我们还有何必要去挖空心思构想如何把游戏做得更有趣呢？设计师照着以上原则去做，只需要提供足够有吸引力的奖励来诱使玩家去完成我们希望他们做的行动不就好了吗？大量 Facebook 上的社交休闲类游戏和一些大型MMO 就掉入了这个陷阱。采访这些游戏的玩家会发现他们对这个游戏是否"好玩"抱有矛盾的意见，但却承认自己被吸引不停地玩。

　　然而，只要运用得当，行为主义理论是可以被当作一个推动玩家参与的妙招的。或许在玩家获胜时可以用提供玩家获得一定数量金币的机会来替代直接给他们一个金币（可变奖励 vs 固定奖励）。或许可以奖励玩家与系统的互动机会，来替代按照玩家游戏的一定时间或是可变时间段给予他们奖励（基于比例 vs 基于时间间隔）。

　　有些孩子被要求每周末修剪草坪。对孩子来说有些院子太大了，而且他们从开头就害怕这个苦差事。在盛夏的日头下推割草机可不是他们爱干的事儿。但是他们随后就发现，这个工作越接近完成就变得越轻松，他们割完一行草的速度更快，他们也越来越为即将到手的 5 美元兴奋。

　　这种现象被称为目标的梯度效应（goal-gradient effect）。研究人员瑞恩·科维茨（Ran Kivetz），奥列格·乌明斯基（Oleg Urminsky）和郑毓煌（音译）发现，当人们越接近自己的目标的时候，他们就越有动力去完成它。他们发现当人们参加买 10 杯咖啡送一杯咖啡的活动时，越到快凑齐 10 杯的时候，为了得到那一杯免费咖啡，人们越会购买更多的咖啡。

　　即使这个进度是虚拟的，该现象同样成立。研究发现，当促销规则设定为买 12 杯咖啡获得 1 杯免费，但前两杯咖啡是免费的，相对于促销规则设定为买 10 咖啡杯获得 1 杯免费，人们在前一种促销规则下会购买更多的咖啡。虽然两种促销都需要购买 10 杯咖啡才能获得那杯免费的，但前一种方式提供的免费饮料会让人们感觉更接近目标。

　　这又能给游戏设计带来什么呢？我们来想象一个有升级规则的 RPG 游戏。当玩家有 100 点经验值，还需要 150 点才能升到下一级的时候，你有以下两种方式来展现玩家的经验值进度：一种是一个在 100XP 时是空的，到 150XP 时才会被填满的进度条；一种是从 0 ～ 150XP 的进度条，其中 0 ～ 100XP 的部分已经被填满了，玩家需要填满剩下的 50XP。根据目标的梯度效应，采用第二种方式会让玩家更有动力去达到下一级别的目标。

　　此外，如果玩家知道他将马上能得到奖励，他们会更有动力去完成能让他们得到这个奖励的任务。如果你发现你的玩家在游戏中的某一点逐渐失去他们的兴趣，或许这就是向他们展示他们如果继续下去将得到的奖励的最佳时机。

原理 25　社会关系

不是所有的游戏都包含社交元素，或者说包含与其他玩家的互动，但有相当一部分游戏的设计都非常看重社交性。对大部分的玩家来说，游戏是一项群体活动，不管是棋盘游戏、卡牌游戏，还是视频游戏。虽然有《纸牌》（Solitaire）那样的单人游戏存在，但需要 4 至 6 人参与的游戏则更多，种类也丰富得多。视频游戏领域中，伴随着 Facebook 和移动平台的崛起，那些曾经流行的"大杀四方"的多人游戏已经日渐衰落，让位于社交游戏的爆发性增长。这些社交性、合作性的游戏的发展证明在游戏设计中社会关系对增加玩家的兴趣、参与和满意度是非常有效的（参见原理 71 "兴趣曲线"）。

大多数现代游戏要求设计师至少要考虑激活玩家的社会关系网络。要了解社交游戏的设计，设计师通常需要从了解人类社会关系和社交活动背后的心理开始。而这个领域本身的研究范围很大，所以我们不妨从邓巴数理论开始。

该理论是以英国人类学家罗宾·邓巴（Robin Dunbar）命名的。该理论认为，任何一个人的社交网络大概由 150 个连接，也就是社会关系构成。这是一般人能够与之保持稳定的关系，与他们互相了解，并从中受益的人数。在邓巴数理论背后，是最大化"网络外部效应"，或网络效应的概念（参见原理 16 "'极小极大'与'极大极小'"）。它是指你能从你的社交网络中的每一个个体中得到的好处，包括互相帮助、互相访问，或通过其他手段帮助彼此。

在数学社会学的领域，我们加入了强社会关系、弱社会关系、正面社会关系和负面社会关系的概念。此外，数学社会学家们能够通过搜集非常有限的相关的社会关系得到的信息来预测社会关系的本质。举例来说，数学社会家们能通过 A 和 B 分别与 C 的关系的性质，对 A 和 B 是否是朋友作出非常可靠的推测。他们还能得出某个人的 150 个社会关系如何与另一个人的 150 个社会关系产生重叠、相交和联系。数学社会学甚至能够证明凯文·培根（Kevin Bacon）游戏中六度分割对所有人都是适用的，不仅仅是对凯文·培根。

现在让我们从纯粹的人类学和心理学层面的社会关系研究回到游戏，我们可以理解为什么让玩家与其社交网络中的社会关系互动会给我们带来好处——因为这将吸引玩家始终对游戏保持兴趣。

社交机制可以是主动的、被动的，也可以介于两者之间。排行榜促进竞争，互赠礼品促进合作（参见原理 4 "合作与对抗"）。它们都在玩家和他们的朋友之间建立起正反馈循环，从而加强了游戏的影响力。这反过来又可以提高游戏的粘性，减少玩家流失。有一个心理现象叫"害怕错过"，这是个体寻求能帮助他们被纳入团体的经验的一个很有说服力的理由。

作为一个好的游戏设计师，我们应该考虑如何通过竞争或者合作（参见原理 4 "合作与对抗"）来激活游戏中的社会关系，从而帮助游戏设计。尤其是在网络、社交或移动游戏平台，玩家已经习惯了这样的机制。设计师需要评估他们的设计是否能与好友请求、游戏评分的提示、礼物互赠循环、高分的竞争、非同步的玩家之间的竞赛（参见原理 1 "游戏的对称性/非对称性和同步性"），或者更为传统的玩家对战系列赛或合作游戏的模式等机制相得益彰。

请记住，目标受众的偏好和他们的舒适区都会影响与社会关系相关的设计的一般方法。例如，一些玩家强烈希望合作而不是竞争（而这些玩家的需要在过去通常都得不到满足）。又比如，设计一个给 13 岁以下的儿童使用的游戏中聊天功能时必须考虑到法律和隐私的问题。研究受众的喜好并巧妙地使用社交设计方法能够将游戏的复杂性和娱乐性提高一个层次，并最终帮助游戏从市场竞争中脱颖而出（参见原理 60"以用户为中心的设计"）。

原理 26　公地悲剧

公地悲剧（tragedy of the commons）的含义是，如果一项资源是可供所有人使用的，那么该资源最终一定会被耗尽，而这对所有人都是有害的，长期的损失远大于短期内获取该资源得到的好处。但是由于没有一个人认为自己该对这个损失负责，他们往往不会承认自己的责任，也不会减少自己对该资源的使用。

公地悲剧的假定条件是在有限的系统内对资源的使用是增长的（也就是说，使用这个资源的人口是增长的，而资源本身不会增加）。尽管看起来很相似，公地悲剧并非基于特定的经济或政治系统，甚至也不是基于企业的贪婪。不过，这是一条我们在游戏设计中可以使用的非常可靠的原则。

广义而言，公地悲剧表达了一个人艰难的选择：努力争取物质利益，并由此导致自己和他人的长期损失——寄希望于短期的物质利益能弥补长期损失——或者为了所有人的利益与大家合作来节约资源，但是这样做的风险是，如果有其他人有更好的个人资源，或者有其他人谎称合作实则过度使用公共资源，这个人就吃亏了（参见原理 4 "合作与对抗"）。

在游戏中，玩家的策略或游戏的机制都有可能导致公地悲剧。固定顺序的游戏有可能让第一个行动的玩家有机会捞一大把，而同步博弈的游戏（参见原理 13 "采取行动"）可能会导致所有的玩家都试着能捞就捞——因为他们认为其他玩家也会这么做——这样就平等地降低了所有玩家的可用资源。在这两种情况下，都应该有某种协议（或一些特殊的规则来奖励使用资源较少的玩家）来预防玩家们用完所有可用资源。

公地悲剧的理论最早由加勒特·哈丁（Garrett Hardin）在 20 世纪 60 年代提出。该理论是他从自古希腊到 19 世纪一系列的土地哲学家基础上发展起来的。他使用了一个小镇上任何人都可以使用的公共放牧区为例。牛的主人们都会先使用这块土地，因为这是免费的，并且这让他们可以买更多的牛在自己的地盘上放牧。当公共资源被过度放牧（正如在波士顿公园确实发生过的一样），牛的主人不得不把他们的牛挪回自己的地盘，这时由于他们之前使用公共放牧区时购买的额外的牛，他们自己的土地也被过度放牧了。哈丁将之比喻为我们过度使用有限的自然资源，如森林、水、燃料和空气等的行为。

哈丁还指出，在世界共同资源的开发利用中，个体会寻求最大化他们个人对于这些资源的消费。而那些希望能拯救全人类，治愈所有的疾病，消除所有人类的苦难，保证普世权利，为所有人提供平等机会的人会试图增加能用到这些资源的人的数量，这实际上也是在最大化人类对于这些资源的消费。

对于公地悲剧有两种常见的，并且是相反的解决方案，但是它们都不能理想地解决这个问题。资源的平等再分配（平均主义）意味着无法有效利用资源的人依然能得到它，这样有很大一部分被浪费掉或很快被用完。另一方面，垄断资源（集中控制）则意味着资源的利用效率远低于腐败、法律法规和特殊利益集团对资源的征用。

2009 年，马克·范伍格特（Mark Van Vugt）提出了一些降低公地悲剧的有现实影响的方法。他的建议包括：向人们提供足够的资源被过度使用的信息来让他们意识到保护资源的重要，确保对社区的强烈归属感以减少自私的囤积行为和滥用集体财产，建立值得信赖的机构来管理关键资源的分配，以及对负责任的资源利用行为提供激励机制，并惩罚那些不负责任的过度使用行为。

很多游戏的设计都是围绕着有趣的，困难的抉择，公地悲剧恰恰就是这样一个情况。没有一个明显的、简单的解决方案，玩家会遇到更多的挑战，并有机会去探索不被太多人注意的区域。

GRASS

公地悲剧：一个共享的放牧区让所有的放牧者可以养更多的牛，甚至超出他们自己的资源能支撑的范围。
不幸的是，一段时间后共享资源被消耗殆尽，放牧者就没有足够的资源了。

原理 27　信息透明

许多游戏都是围绕着发现隐藏信息的过程而展开的。它们将人类对学习的喜爱（参见原理 10 "科斯特的游戏理论"）带入下一个境界：人类对于挖掘他人秘密的喜爱（参见原理 8 "霍华德的隐匿性游戏设计法则"）。在这些游戏中，探索和试验都是"核心游戏循环"（参见原理 33 "核心游戏循环"）的组成部分。

游戏理论将这些信息不透明的游戏归类为"不完全信息（imperfect information）游戏"。这样的信息透明度（或信息透明度的缺乏），应用于各种类型的游戏信息，包括游戏的结构和游戏的状态（参见原理 9 "信息"）。

一个这种隐藏一部分游戏结构的例子就是"战争迷雾"（fog of war），很多视频游戏甚至一些桌游都利用了这种巧妙的做法来隐藏一部分地图，鼓励玩家进行探索（参见原理 3 "巴特尔的玩家分类理论"）。与之类似的是，还有一些视频游戏的复杂构思有时候会模糊掉自然的因果关系，如道德系统或社会关系系统。这些情况下被隐藏的是游戏底层结构的信息。

另一种信息——游戏状态，则在不完全信息游戏的分类下还有所细分。这种区别取决于玩家能够接触到多少信息、何种类型的信息——也就是说，各种类型的信息有多透明。

■　**完整信息**

在不完全信息游戏中有一个子分类，这类游戏中玩家能够接触到关于游戏环境和规则的所有信息，但不能看到其他玩家的行动状态，这就是完整信息（complete information）的游戏。在游戏《战舰》（Battleship）中，对手军队的位置是隐藏的，这就是典型的"完整但不完全信息"的游戏。每位玩家都知道每人有 5 艘固定尺寸的船，但是他们不能看到这些船在地图上的状态（位置 / 前进方向）。大部分纸牌游戏像金拉米（Gin，也称 Gin Rummy）、红心大战（Hearts）、桥牌、扑克等都是这样"完整但不完全信息"的游戏。玩家知道游戏中使用的是他们所熟悉的，数量有限的一套牌，其他玩家每人手上都有从这套牌中得到的一定数量的牌，但不知道在游戏过程中具体哪一张牌在谁手上。

■　**不完整信息**

在不完全信息游戏中，那些玩家没有依据对未知进行假设的游戏就是不完整信息（incomplete information）的游戏。《万智牌》（Magic: The Gathering）就是一个这样的例子，我们没有办法像使用标准扑克牌的游戏中那样来推断一个玩家手中牌的组成。另一个例子是《棋类游戏》（Stratego）——这个游戏中每一类棋子的具体数量是不可知的；或《星际争霸》（Starcraft）——玩家对敌军的组成情况一无所知。

一种理解"完整信息"和"不完整信息"的差异的方式是认为在完整信息的游戏中是可能去"计算卡牌"的。一个玩家知道在游戏中用到的所有卡牌，如果他足够有毅力，他就能算出一张特定的卡牌在对手那里的概率。

而在不完整信息的游戏中则没有办法去"计算卡牌"，因为无法得知到底有哪些类型和种类的卡牌。玩家不知道他们的对手可能会出什么牌，因为它可能是任何东西，不是来自 52 个已知的可能性（一副扑克牌有 52 张正牌）。

　　理解信息透明的概念对于游戏设计师（国内公司通常称为游戏策划）而言有多强大的最后一个关键是，记住信息透明可以是自愿的或非自愿的。

■　非自愿信息透明

　　以游戏《妙探寻凶》（Clue）为例，该游戏中有规则规定玩家有时必须向另一名玩家展示手中的一张牌，这张牌本来应该是保密的。这就是非自愿的信息透明。玩家可以选择他要展示哪张牌，但不能选择是否展示。他们被迫展示他们秘密的一部分。

■　自愿信息透明

　　而像《狼人杀》（Werewolf）这样的游戏则允许"预言家"（seer）这个角色自行选择是否透露身份，而其他角色都必须隐藏自己的身份。游戏设计师设立这样的规则通常是为了鼓励玩家虚张声势、双重间谍的行为，并且建立一个互相不信任的氛围。毕竟，如果有人在没有被强迫的情况下承认了一个秘密，其动机和诚实性就很值得怀疑了。

原理 28 范登伯格的大五人格游戏理论

理解人们的心理是游戏设计的基础。在许多方面，游戏的功能性目标就是激发起玩家采取行动的意愿——这我们就需要了解人类大脑的运作方式了。

一个非常著名、可靠的心理学体系叫作"大五人格理论"（big 5），又称"人格的海洋"（O.C.E.A.N）。基于众多国际研究人员的通力协作，大五体系包含大量可靠的研究数据，并被证明足够具有预测性，游戏开发者可以放心对其成果加以利用。

游戏设计师（国内公司通常称为游戏策划）杰森·范登伯格（Jason VandenBerghe）在如何将该大五理论直接应用于游戏开发的问题上做了很多工作。

大五理论认为人类的行为主要是由 5 类动机驱动的：

- 对体验的开放性（openness to experience），这一点将那些有创造力、有想象力的人和那些更务实、更循规蹈矩的人区分开来；
- 尽责性（conscientiousness），人如何控制和缓和自己的冲动情绪；
- 外倾性（extraversion），这一点将那些追求刺激以及在他人面前的存在感的人，与那些不这么做的人区分开来；
- 随和性（agreeableness），反应人如何处理与社会和谐的规则相关的问题；
- 神经质或情绪稳定性（neuroticism），这反应了一个人是否选择经历（或不经历）负面情绪的倾向。

让大五理论从其他理论体系中脱颖而出的就是其对这些人格特质描述的详细程度。每一类人格特质都能被细分为 6 个子维度，这描述了更加具体的内在驱动。比如"对体验的开放性"就包括以下几个子维度：想象力（imagination），这将那些认为自己的内在精神世界比外部世界更有趣的人跟与他们相反的人区别开来；艺术趣味（artistic interest），这关系到一个人如何体验美；情绪性（emotionality），这指示了一个人意识到自己内心情感状态的程度；冒险性（adventurousness），区分那些喜欢探索、寻求新事物的人和那些更喜欢已知和常规事物的人；求知欲（intellect），关于一个人从用他们自己的脑子解决谜题，或者参与进复杂的心理游戏这样的活动中能得到多少满足感；自由主义（liberalism），衡量一个人希望社会如何发展，是向未来推进、保持稳定不动、还是回到过去。

大五理论中每一类人格特质都有 6 个子维度，一共就是 30 个。范登伯格在一些主要的游戏行业会议上针对这个概念发表演说，指出游戏设计师如何将玩家在这 30 个子维度中的得分和他们对游戏的偏好关联起来。以下是两个重要的例子。

- 与想象力相关联的是玩家对幻想和写实的偏好。在"想象力"一项中得到高分的人会倾向于偏爱发生在一个与现实世界不同的奇异世界中的游戏，而低分的人则会偏爱一个发生在跟现实世界类似的世界中的游戏。
- 与冒险性相关联的是玩家是更喜欢将探索作为游戏机制的一部分，期待遇到新的事物（追求高分），还是更喜欢像建造、种地或其他更"本土"的游戏机制，不需要他们离开已知的边界（追求低分）。

　　这些关联在整个大五人格理论体系中都存在。这向我们指出一条让我们不舒服却不可回避的真理：我们抱着同样的目的生活和游戏。这一点已经被很多研究所支持，并且是这类心理学理论应用到游戏设计上的第一点。

　　完全理解这一点是很重要的。我们希望在游戏中扮演别人的看法很普遍，但这是错误的。在有些情况下人们在游戏中体现出与真实生活中不同的个性，而实际上这种"不同的个性"在大五人格测试的分数中还是会体现出来。通常这样的人在正常生活中没有途径表达他们人格中这一面，所以将游戏作为一个表达途径。然而这样的动机依然是他们人格中的一部分。我们抱着同样的目的生活和游戏。

　　在大五人格理论之外还有很多其他的心理学理论，它们都能教给游戏设计师很多。而要理解人类在游戏中的行为，大五理论则是一个很好的开始。

原理 29 志愿者困境

"志愿者困境"（volunteer's dilemma）是群体博弈理论中的一个特殊例子，类似于"公地悲剧"（参见原理 26 "公地悲剧"）。在志愿者困境中，一个人面临的选择是，是否牺牲自己的一小部分利益来让群体中的所有人受益，同时这个人自己不能得到任何额外的好处。而如果这个人不牺牲，并且也没有任何一个其他人这么做，则所有人都要面临严重的利益损害。当然，这个选择是，自己牺牲一小部分时间、经历、钱等等，或是承担等着其他人来做的风险。

有一个典型的例子可以用来说明这个问题。这个例子是关于公共设施的，比如电力。如果一个社区停电了，只需要有一个人打电话给电力公司就会有人来修理。当然打电话是有成本的（时间、金钱，或两者都有），人们可能会不情愿这么做。相反，他们会想"让其他人去做吧"，省得自己花成本。然而有一点需要注意的是，如果没有人打这个电话，所有人都不会有电。另一点是，如果一个人打这个电话，他的成本就已经消耗了，不管是不是有人已经打了这个电话（或是马上就要打）。而一旦有人已经打了或是马上要打，这个人就是重复地花掉了这个成本。在这个例子中个体面临的选择是：相信他的邻居会打这个电话，还是直接自己花费成本来打这个电话。

下图是一个示例的得益表格。其中 0 表示没有人打这个电话，也就没有人得到任何好处。5 表示的是最大利益，也就是那些自己没有打这个电话，但由于其他人打了，他们的电力也一起被修复了。两个 4 表示的是得益（电力被修复）减去牺牲的成本（打电话的成本），不管其他人有没有打电话，这个做出牺牲的人的得益都是一样的。

	至少一人合作	所有其他人都背叛
合作	4	4
背叛	5	0

志愿者困境和搭便车问题是相似的，都是一个群体中的一个或几个人需要付出一定的成本来完成一件对整个群体有利的事情。在这种情况下，有些人会选择不付出他们的成本，因为他们假设反正会有其他人来完成这件事，这些人就是免费搭便车者。如果承担这件事情的成本保持固定，那么每个人需要承受的负担会上升——这也就给了那些免费搭车者更大的不支付成本的动机。

这些情况在互联网合作游戏中屡见不鲜。例如，一个团队作战型射击游戏如《军团要塞 2》（Team Fortress 2）中的玩家可能会选择不参与一些危险的、但是对团队来说是必须的任务，而是去做更多对自己有好处的任务。他们会假设为了团队的生存和胜利，团队会去承担完成那些危险任务的责任。如果这个策略成功，他们会受到鼓励而继续这样的行为——并且可能会有更多的玩家选择这种对自己来说没有风险的做法——这样也就把越来越多的责任转嫁到了仍然愿意执行危险任务的团队成员身上。显然，如果这个趋势继续下去，整个团队（包括那些搭便车者）都会完蛋。

第 2 篇

游戏创作的一般原理

原理 30　80/20 法则

80/20 法则有时也被称为帕累托法则（请不要与帕累托的其他成就混淆，参见原理 18 "帕累托最优"）。这个法则是许多开发团队应该牢记的，它帮助人们集中精力在投资回报比最高的功能上，以及帮助避免有害的功能过剩。

这个理论主要阐述的是，80% 的价值是由 20% 的控制因素产生或驱动的。它由维尔弗雷多·帕累托（Vilfredo Pareto）在 1906 年发现。他注意到，在他的祖国意大利，20% 的人口控制或者拥有他们国家 80% 的土地。随后他发现这个比例在大多数其他国家同样存在。即使在今天，世界上 80% 的财富也是控制在不过 20% 的人手里。而当帕累托发现在他的花园里 80% 的豌豆产自 20% 的豆荚时，他意识到这个法则超越了财富和财产的领域，延伸至各个方面。

该法则在游戏中的体现也是显而易见的。例如，在 80% 的游戏体验过程中，只有 20% 的功能会被使用。

尽管很多华丽的功能在新闻稿和评论文章中被大肆吹捧，玩家将他们大部分的时间（80% 左右）花在基本功能上（通常是 20% 左右的功能），如跳跃、战斗、升级或得分（参见原理 33 "核心游戏循环"）。开发人员需要认识到这一点，并将更多时间花在完善这些核心功能和修复它们的漏洞上。

我们以《塞尔达传说》（*Legend of Zelda*）为例。早期版本的塞尔达传说游戏功能比现在少很多，但是玩家的大多数行动集中在海拉尔大陆（Hyrule）——特别是主人公林克（Link）如何在地图上移动，以及他攻击敌人。林克在寻找神器的过程中需要收集很多小物件，许多地图上额外的东西像神秘门、隐藏的生命和其他游戏秘籍等都对林克完成游戏任务有很大帮助，但是他使用它们的时间非常短暂。在《塞尔达传说》游戏中，像蜡烛、炸弹、银箭这样的物件都是完成游戏任务的决定性要素，但是玩家更多的时间其实是花在在地图上游荡，挥舞他的剑去杀死敌人或抵抗敌人的攻击。

开发团队应该知道这些功能对整体的游戏体验有多大的影响。如果他们把所有时间都用于优化蜡烛、炸弹、银箭等，而对游戏的大环境和战斗场景草草了事，玩家将不得不把 80% 的时间用于忍受粗糙、满是漏洞的游戏体验。

这个法则也被运用在近年来发行的很多大型游戏中。《魔兽世界》（*WOW*）的扩展就是使用 80/20 法则的一个很好的例子。在他们原先的版本中，玩家在地图上移动非常缓慢，而这让用户非常郁闷，因为谁也不会喜欢为了完成一个任务花上 10 分钟在区域之间跑动。

正如在《塞尔达传说》中一样，玩家角色的移动行为对于《魔兽世界》的开发团队来说本应有更高的优先级，尽管它只是整个大型游戏中的一个功能而已。在后来的更新和扩展中，角色的移动速度得到了提高，这让玩家角色在地图上的移动变得容易了许多。这个改善对于游戏是至关重要的，因为在《魔兽世界》游戏中世界地图是巨大的。在地图上进行穿越是玩家经常使用的一个功能，尽管它不是最耀眼最令人兴奋的游戏元素。

在《魔兽世界》扩展的另一方面我们也可以看到 80/20 法则在起作用。看看有多少玩家很快升到满级然后把重心转向团队副本（raids）吧。不论他们在扩展中增加了怎样的新种族和各种看起来很炫的新功能，这个新的有团队副本机会的收局得到了很多的关注——尽管这在整个游戏的内容中只占到 20%，却是玩家会投入他们 80% 的努力和兴趣的地方。

　　而在通常情况下，在一个新游戏中，当玩家还没有真正建立起自己的角色，他将有可能多次重复进入游戏。也就是说通常游戏的开始阶段将被重复的次数远远多于结尾阶段。这是游戏开发过程中应该投入相当精力的地方——或许需要达到 80/20 的比例。

原理 31 头脑风暴的方法

头脑风暴（brainstorming）是一个大家都很熟悉的词语了。学生面对第一次写作研究文章的任务时就会被教给这个基本的方法。作家用头脑风暴帮助他们构建出更有深度的人物，或创作出更让读者欲罢不能的情节。这个方法在游戏设计中有同样类似的作用，从情节点的设计到独到的游戏机制的设置，头脑风暴在游戏创意和设计中的每一个环节都能帮助游戏设计师的工作。

一些最基本的头脑风暴方法可以在一个人面对书写工具和空白的石板时自然而然地产生——这些东西可以被看成是创意的空间。不管使用的是何种方法，这通常是一个最好的生发点，而此时唯一可能的限制，就是头脑风暴纷至沓来时，自己头脑中是否有足够的空间来产生和记录想法。

自由思考法

当我们并不需要一个有特定结构的创意时，这种类型的方法就很适用。其要义是创造一个开放的讨论环境，允许思想的自由流动，并且没有一定要产生特定结果的压力。

"单词气泡"（word bubble）和"创意之网"（idea web）从写下一个或更多单词或是创意开始。我们以此为生发点，添加更多单词或者创意并将其连接到生发点，而随着这些创意往外延伸，它们不仅是关联到生发点，还会关联到这个创意空间中的其他单词或者创意。这就创造了一个像蜘蛛网一样相互联结的创意图谱。在游戏开发的开始阶段，当游戏设计师仅仅对游戏有一些最基本的想法，或是对这个游戏将要叙述的故事有一些基本情节的设想时，这个方法是最有效的。

结构思考法

尽管自由思考在开发的开始阶段会帮助我们带来丰富的好创意，但随着游戏设计过程的进行，我们在稍后的阶段将会需要一些结构性的头脑风暴。

流程图和树形图的开始方式跟"单词气泡"和"创意之网"类似。它们都是由一个生发点开始，在过程中连续叠加与生发点有关联的词语或创意，构建成一种与生发点有关联的结构。

当游戏开发需要构思一个有序的结构时，流程图非常有用，它其中的每一个想法延伸至下一步，不至于产生太多的偏差和分支。而在游戏开发过程中，当需要设计师创造一个分层次的项目或者动作时，树形图将会非常有用。

身体表现法

头脑风暴不必局限于把所有的想法写下来，设计师应该把它们演示出来。"身体风暴"（bodystorming）是一个相当新的名词，但是它的过程应该为玩过真人角色扮演的人所熟悉。身体风暴利用肢体的动作来协助创意的过程，它对于设计复杂的角色运动或者（随着动作控制的诞生）新的控制机制非常有帮助。

原理 32　消费者剩余

在 2008 年左右，游戏行业迎来了一次显著的商业模式转变。似乎在一夜之间，那种消费者走进商店，花 60 美元买一个游戏，然后玩到厌倦的旧商业模式被改变了，取而代之的新商业模式是这样的：游戏本身变得非常便宜（甚至是免费的），而玩家付钱购买游戏中那些持续性或消耗性的道具。

为什么这个模式更受游戏开发商们欢迎呢？这要追溯到一个流行于 19 世纪的经济学理论，称为"消费者剩余"（consumer surplus）。

设想一下，50000 个想玩一个新游戏的人其实只是把以下 5 种人复制了 10000 份。

- A 是一个经济困难的大学生。他喜欢游戏但基本上不会付钱买它们。他不愿意为它们付出任何金钱。
- B 喜欢游戏，并且对这个新游戏很好奇。他有可能会花 1 美元买它，但不愿意付出更多了。
- C 喜欢这个游戏，并且最多愿意付 30 美元来一直玩下去。
- D 非常喜欢这个游戏，他愿意付最多 60 美元，一直玩到他玩腻为止。
- E 是一个狂热粉丝。他愿意为这个游戏花 500 美元。

现在，对游戏开发商来说，理想的情况是，他们能满足每一个群体的需要，并且让他们都为这个游戏付出他们所愿意付出的最多的钱。10000 个 B 将每人付 1 美元，10000 个 C 将每人付 30 美元，10000 个 D 将每人付 60 美元，而 10000 个 E 将每人付 500 美元。

但在现实中游戏开发商不能这么做。在商店里我们通常给商品标上一个统一的价格，所有人都支付这个价格。如果游戏的售价被设定在 60 美元，D 和 E 们会去购买它，但 A、B 和 C 们不会。如果游戏的售价被设定在 1 美元，B、C、D、E 们都会去买它，但是对游戏开发商来说，他们白白损失了一大笔钱。E 们本来愿意付 500 美元，为什么只让他们付了 1 美元？这个中间的差额就叫"消费者剩余"。

免费增值（free-to-play，F2P）模式给游戏开发商带来的好处是所有的 5 类人——从 A 到 E——都有机会参与到游戏中来，并且能够根据他们愿意支付的金额来为游戏付钱。具体操作方式是游戏免费对所有人开放，开发商通过售卖游戏中的道具和特权来诱使玩家付出他们所愿意为这个游戏付出的最多的钱，从而获利。通过获取这其中的消费者剩余，游戏开发商将在激烈的市场竞争中最大程度获取经济利益。

游戏业传统的零售分销方式只给消费者一次付费的机会，即使他们愿意为这个游戏花更多的钱。这就导致了无用的消费者剩余。而数字分发渠道以及现代的付款方式让消费者对游戏的投资更具灵活性，他们可以为自己最爱的游戏想花多少钱就花多少钱。而开发者们可以利用其获取的消费者剩余来进行下一步的研发。

原理 33　核心游戏循环

重复是游戏的一个基本特征。当人们享受一样事物时，他们要重复它（参见原理 62 "成瘾途径"）。儿童把这一特性发挥得淋漓尽致——他们会一遍又一遍地看同一部电影，会要求把同一本故事书在每晚睡觉前给他们读 5 遍。人们，甚至是成年人，在玩游戏时会有同样的行为。这在视频游戏中体现得尤为明显，在整个游戏过程中某些机会会被一遍又一遍地循环。几乎所有即时即地的满足感都来自于这些核心机制所带来的不同结果。从根本上说，游戏设计师需要把大目标分解成小目标，让玩家在愉悦的心情下不得不去完成。核心游戏循环是视频游戏的设计人员必须清楚、仔细地定义的，而且他们必须提炼出提供游戏体验基础的核心、重复的机制。

核心游戏循环是游戏设计的核心。它通常由一系列动词组成——越具体的动词越好。比如驾驶（steering）、射击（shooting）、潜入（sneaking）只是几个随机的字母 "s" 开头的单词，但是它们都可以用来产生一个核心游戏循环。一个优秀的核心游戏循环应该能被短短几句话清晰地描述，并且能清楚地说明整个游戏体验最有趣最吸引人的部分（参见原理 30 "80/20 法则"）。

核心游戏循环中的 "循环" 一词，包含玩家的行动，该行动的结果，玩家对结果的反应，以及游戏要求玩家重复该行动以获取进度（参见原理 6 "反馈循环"）。

我们来看看大约在 1985 年左右推出的《超级马里奥兄弟》（Super Mario Bros）。它的核心游戏循环就是跳跃，整个游戏都是基于跳跃这个动作的。在跳跃中会插入一些其他的动作，或是结合其他动作来完成诸如杀死敌人、打碎砖块、切换场景等功能，但其核心的游戏循环始终是跳跃。在《超级马里奥兄弟》系列中，"跳跃" 这个核心循环贯穿游戏始终并且一直是新鲜的，因为玩家会遇到各式各样不同的挑战，并且他们会在跳跃的过程中体验不同的动作组合和它们带来的不同结果（参见原理 57 "协同效应"）。

游戏《光晕》（Halo）系列发展了一个精炼的核心游戏循环——"快感 30 秒"（30 seconds of fun）。简而言之，"快感 30 秒" 旨在传统的长度在 5 ～ 10 秒的仅有少数几个机制的核心游戏循环基础上进行延伸。它表明，一些设计精良的系统，而不仅仅是一些零散的机制，也能作为重复游戏的基础。这些系统化的游戏机制可以贯穿整个游戏，被重复、被延展，并且始终吸引玩家的参与。"快感 30 秒" 围绕着使用武器的顺序、投掷手榴弹、近距离战斗，以及短暂的恢复时间展开，直至投入下一场类似的战斗。不过，由于有新武器、新敌人、新地形的加入和其他外部因素的影响，游戏中不断循环的战斗过程能够一直让人感受到强烈的冲击。

很多人认为 "重复" 是一个消极的词，可是，在创作视频游戏的过程中我们不得不拥抱 "重复" 的概念，并且想办法让这些重复的过程始终有趣、吸引人，并且有回报（参见原理 10 "科斯特的游戏理论"）。

考虑到这一点，这里有一些历史悠久的设计技巧，它告诉我们核心游戏循环应该包含具有以下特点的动作：

- 易于理解；
- 易于操作；
- 令人享受；
- 能够提供直接的反馈；
- 具有能适应不同场景的灵活性；
- 具有扩展性，能够加入额外的动作；
- 能够与其他动作结合；
- 能够进化以支持其他的游戏循环。

归根结底地说，核心游戏循环是长期玩家满意的关键。如果核心循环这个游戏体验中的关键要素是有缺陷的，要想整合游戏中的其他元素来创造有趣的体验将是非常困难的，甚至可以说是不可能的。一个没有深度和灵活性的核心游戏循环不会让玩家投入很多时间。

最后，请记住不是所有的游戏都有像《光晕》那样野心勃勃地追求无限的关注度。一个小游戏也完全可能构建得很有趣。想想在一个像《宝石迷阵》（*Bejeweled*）那样的简单小游戏里包含有多少的重复吧。这也是核心游戏循环的力量。很多时候小游戏可以作为一个很好的原型工具（参见原理 54 "原型"）来辅助验证一个核心循环，而这个循环可能成为一个更大的游戏体验的核心。

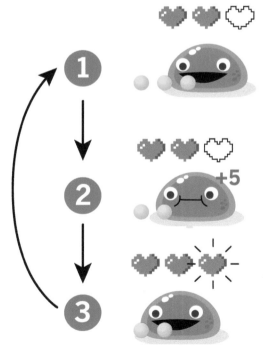

一个核心游戏循环是一个由玩家驱动的，能让其感觉到有趣并且愿意不断重复的行为。

原理 34　定义问题

在开始游戏设计创意的过程中，定义问题是其中第一步，也很有可能是对整个创意过程影响最大的环节之一。如果纠缠在一个欠考虑或者结构不当的问题上，设计师会觉得选错了起点去达成设计目标、解决错误的问题，或者干不必要的工作。开始将你的好奇结构化成一个问题陈述的形式来帮助你追求一个理想的解决方案。（注：有效的问题陈述对解决问题而言都是很有用的（参见原理 94 "解决问题的方法"），不仅仅是针对游戏设计而言）这是一个经过验证的，定义设计一个新游戏的核心方法的途径。

多数有效的问题陈述采用的格式都是由几个通用因素组成，这个格式被广泛使用，对解决问题很有帮助。这几个通用因素包括：

- 确定一个合适的范围内一个特定的焦点；
- 提供一个可量化的结果；
- 确保问题陈述可用于清楚的沟通。

请记住这些因素只是建议，不是规定（参见原理 44 "补充规则"）。在设计一个问题陈述时应该具体问题具体分析，根据当时的情况和偏好，使用最有效的方式来进行。

确认需要解决的问题是生成问题陈述的第一步。当设计团队在定义问题时有一个焦点时，他们就能够把精力花在设计中最关键的元素上。设计目标究竟是整个游戏？一个系统？还是一个具体的机制？每一个都有可能，但是这一次的焦点究竟是什么？一个精确、清晰的焦点能够帮助避免干扰，防止走进死胡同。

问题陈述可以很宽泛，比如 "我该怎样设计一个面对大众的回合制策略游戏？"；也可以更具体一点，如 "我该怎样给平板电脑设计一个 8 位时代风格的复古横向卷轴格斗游戏，并且包含一个 F2P 的商业模式？"；还可以更具体，如 "我该怎么建立一个先进的敌军巡逻人工智能？"

精确地指出正确的焦点是困难的，范围过大或过小都会产生不良后果。如果选择的焦点太宽泛，其结果也将过于宽泛。一个选错了起点的解决方案可能会浪费很多时间，或者这个解决方案可能看起来是对的，却不足以细化到能够解决实际问题。而如果选择的焦点过于狭窄，可能会导致在现有的设计下无法实施得到解决方案，并且由于排除掉了非常规的解决方案，创造潜能也会受到阻碍。

当一个问题陈述及其焦点给出了一个合适的范围，我们会得到对结果可量化的衡量标准。而一个不能带来可操作的数据的问题陈述对于发现问题和解决问题是不那么有价值的。所以，即使是像 "我要如何改革格斗游戏这个体裁？" 或许要作为第一个问题看起来还不错，但它缺少足够明确的焦点，并且范围太过宽泛了。这个问题陈述无法提供一个可量化的结果来指出我们要从哪里开始着手研究、确立假设并开始设计。

通过将范围缩小到 "我要如何制作一个有轻 RPG 元素和武器锻造系统的格斗游戏？"，这个问题的边界就建立起来了，我们也就有了如何得到合乎逻辑的结论的介入点。这样的一个提问提供了清晰的起始点和可衡量的目标。

在定义问题时，试着向另一个人沟通这个问题是一个很好的测试方法。与你合作的设计师就是一个很好的倾听者。要起到最大的作用，这个人最好熟悉你手头的设计问题，并且熟悉用问题陈述来帮助定义问题的操作方法。

此外，和整个团队沟通问题有利于提升团队合作，推动内部对话（这可以帮助进一步细化问题的定义），并且有利于项目朝向团队的共同愿景发展（参见原理 35 "委员会设计"）。一个共同的愿景能够确保在开发过程中设计师保持关注一个一致的目标。共同的终极目标确保团队得到一个连贯统一的结果，同时也帮助设计师解决过程中出现的各种意想不到的问题。

One
Defined
Problem

ALL
POSSIBLE
PROBLEMS

从所有存在的问题中明确找出一个问题来下手让游戏设计和开发变得更高效。要生成一个清楚的问题陈述，定义范围，并且要有一个可衡量的最终目标。

原理 35 委员会设计

开发一个视频游戏是一个需要精心策划和深思熟虑的过程，它将理论与实践相结合，同时需要创新。要平衡游戏开发中的实际问题和创造性的开拓精神，这对一个人，有时甚至对一个团队来说都是非常困难的。这种紧张感，以及团队成员之间的，针对最终游戏体验的互相妥协与让步，都是"委员会设计"（design by committee）的核心。

一个设计师对游戏设计的热情通常表现为设计对这个媒介中所有可能包含的元素的兴奋，特别是当他们将其与其他文化渠道相对比时。一个人的兴趣可能集中在"核心游戏循环"（参见原理 33 "核心游戏循环"）、"兴趣曲线"（参见原理 71 "兴趣曲线"）、"占优策略"（参见原理 84 "占优策略"）、叙事、视觉语法、技能演化、甚至音乐。然而，一个人不可能在所有这些领域都成为专家，即使他真的在所有这些领域都是专家，这也不是一个包含了游戏设计所有需要元素的完整列表。于是，我们就要开始寻求平衡了。每个人能够与他人沟通，并且信任其他人是至关重要的，这样大家才能够建立起合作关系，去制作一个整体大于部分的、连贯统一的体验（参见原理 57 "协同效应"）。

深入研究某一个设计领域并且成为专家的代价是牺牲其他领域和好奇心。一天只有 24 个小时，一个人研究了这件事就没法去研究另一件。术业有专攻是很重要的，尊重他人的专长也是很重要的。人人都希望在这样的一个团队里工作：这个团队里每个人都是各自领域的专家，并且每个人都能针对这个项目发挥恰到好处的作用，大家的合作天衣无缝。不幸的是，这基本上是不可能的。

游戏开发团队集合了各种有热情、有创意、有自主性的人，他们也有着各不相同的动机和本能。这不是一件坏事。如果游戏是一个群体想象的结果，那么这个群体越多样化，就越有潜力创造出一个独特的、不千篇一律的设计，打动更广泛的受众群体。而其体验越强烈，就越能让人印象深刻。然而，这也可能带来一种风险，就是由于团队中多样的人格集合到了一起，游戏会因为缺乏足够的一致性和统一性而成为一个奇怪的东拼西凑之作。委员会设计可以是创造性的福音，却是组织和实施方面的噩梦。

关于弱化委员会设计的消极一面的最佳方法，在各行各业中得到了广泛的研究。在游戏开发行业，一些科学的开发流程，像瀑布式开发（waterfall）或敏捷开发（agile），都能提高一致性、开发日程的可靠性和开发计划的规划。安排可靠、有经验的管理人员来带团队，任职小组负责人、制作人、项目经理和主管也能帮助有效地组织游戏开发过程。这也强调了领导的重要性。

很多团队都需要一个领导——一个能够传达最终的愿景，做出充分和知情的决定，并且为质量和标准把关。共同的愿景有助于提升游戏的"主题"（参见原理 58 "主题"）并加快设计决策。

共同的愿景能够有效地遏制委员会设计带来的混乱，因为它让团队成员有主人翁意识，也知道如何做出有用的贡献。共同愿景如果被一个值得信任的领导者有效地利用，就能激励、团结、确立大家对结果的预期，帮助回答团队成员的问题。它就像一个游戏设计过程中书面或口头形式的检验标准。

有效的领导和委员会设计虽然有时候会产生冲突，但并不总是不可调和的。再次强调，这是一种协调。有些项目需要一个有力的决策者，游戏也一样。服从这样的一个人，或者某一个人的愿景，在游戏开发中间是有可能出现的，但这可能不是最好的办法，对团队的其他成员而言也可能是痛苦的，这都取决于这个人如何对待其他团队成员。一个最好的游戏开发团队终究还是要建立在诚实有效的沟通基础上。

团队中的每一个角色都有其独特的作用，像建设性的批评、真诚的倾听、甚至琐碎如主持有效的会议。委员会设计是好是坏就取决于他们是否能有效地发挥这些作用。在大多数创意领域，沟通是最重要的。在传达消息时，不管这个消息是好是坏，都要做到公平、准确，并从整个团队或是受众的角度看问题。通常一间会议室里的每一个人都与在讨论的问题有切身的利害关系，认识到这一点就体现出你的通情达理。当然，同理心非常重要。

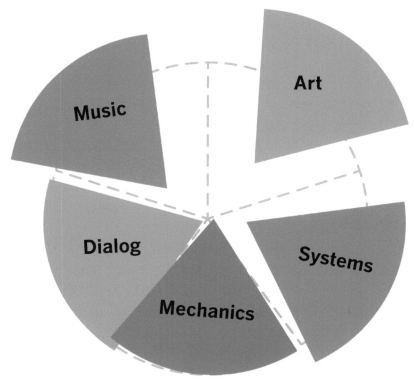

一组专家一起在一个共同愿景下合作能够创造一个统一连贯
的整体，它比任何独立的个体能够创造出来的结果都要好。

原理 36　环境叙事

一个故事的设定能向受众传达重要的概念和信息。在一个有着强大设定的故事里，这个游戏中的世界本身就和游戏中的任何一个角色同样重要。这是一个在作家中被广泛认可的观念，在文学界通常的说法是，要把设定当成一个人物角色来对待，给予足够的重视，并且所有人物的发展都要放到这个设定里来进行。这个设定的过程常被称为"世界"的建筑，尤其多见于幻想小说和科幻小说中。

在视频游戏中，有时候玩家能够去探索在故事主线限定的范围之外的世界。这是为什么游戏应该总是把它们的设定当成我们在其中玩要的生活环境。这个世界越有细节，越有趣，玩家就会觉得越有想要探索的愿望。不过，即使是在没有提供很大的疆域可供探索的游戏中，设定也是游戏叙事的一个非常重要的部分。

让我们想象一个两股政治力量产生暴力冲突的世界。这样的情形需要大量的解释［文学界称之为"提示说明"（exposition）］才能让玩家理解背后的原因，以及认识到冲突的潜在后果。解释这些原因和后果可能会成为叙事的累赘，甚至会让玩家觉得无聊，降低他们享受游戏乐趣的机会。设计师需要想办法告诉玩家这些信息，以让他们了解这个虚构情节中的重要方面，而不是使用冗长的过场动画或大块大块需要玩家阅读的文字。

这就是体现环境叙事对设计师的重大价值的时候了。墙上的涂鸦可能告诉我们冲突中的一方代表的是底层阶级的利益，或对这场冲突可能给街道带来的危险提出警告。紧闭的门窗可以暗示这个世界居民的恐惧，或暗示他们已经被疏散。广播里传来的声音可以在不打断玩家游戏的情况下间接地告诉他们战争中哪一方正处于上风，他们的目标、利益或禁令是什么。通过街上行人关于某种重要能源的供不应求的谈话可能揭示冲突的起源。

从以上这简单的几个利用环境来讲故事的例子，玩家就可以对他们所处的世界有不少了解。他们知道了谁是当权者，谁是支持者，谁是反对派，各方的诉求分别是什么，以及究竟为什么要开战。这样玩家已经得到了关于这个设定的大量信息，而我们甚至连一个过场动画都没有用到。

这一原理也可用于支撑人物性格的发展。人物角色的行为和对话都在很大程度上帮助玩家了解其行事的动机和他们的能力，而看看他们生活的地方能帮助玩家对他们得到更多了解。例如，假设一间房子摆满了关于哲学和自然的书籍，玩家就会知道住在这里的人物角色对这些学科有兴趣。这一事实在后面的故事中可能会派上用场，或者帮助玩家在与这个角色交互的过程当中看到其性格的发展。

在我们设计一个游戏的设定的时候，不要忘了让周围的环境来共同承担叙事的责任。这样玩家能够更好地沉浸到游戏的叙事中去，随着游戏的发展更多的故事会逐渐浮出水面，对玩家和设计师来说整个体验将更加愉快。

原理 37 体验设计

体验设计（experience design）的概念指出在制作视频游戏的过程中除了简单地把游戏规则组合起来之外，我们应该追求更高目标。要用一种有意义的方式去影响用户，光有聪明的想法是不够的，它要求的是体贴的解决问题的方式。我们要超越"我要制作出伟大的视频游戏"这样的想法，而应该自豪地宣布"我创造了引人入胜的体验"。

再次强调，我们需要理解制作出一个游戏远不止游戏规则的设立那么简单。融合可用性和用户体验设计领域的成就已经成为一种常态并在不断发展。视频游戏与其他的爱好相比更有竞争力，而我们需要创造轻松、愉悦的体验，让这种体验远远胜过简单地打开一部电影。

现在的体验设计和游戏设计都要求设计师对玩家从购买游戏到结尾字幕部分的交互有充分的构想。随着迅速发展的休闲游戏受众群和快速兴起的社交和手机游戏所带来的大众市场游戏消费的增长，设计师需要全方位地考虑体验设计中的各种问题——它们涵盖从桌面图标的设计到新手引导和教程的节奏，到商店的购买流程和其中可能出现的问题，再到游戏结束的字幕以及社交相关的功能比如排行榜和成就系统。

设计师需要从头到尾地设计整体体验。游戏中有很多辅助性的元素都是非常重要的，设计师能够越多地将这些元素与他们的目标，游戏的主题和设计一致化，他们就能将产品做得越好。让我们想想那些成功的品牌是如何让他们的店面、包装和产品的体验一致化的吧。这已经是陈词滥调了，但是苹果公司的设计在多年来一直都很有一致性，都非常"苹果"。此外，我们也应该鼓励文化上的关联性。

游戏《死亡空间》（*Dead Space*）在体验设计方面就做得很好。从其包装盒的设计、网络视频短片、漫画书到游戏中没有 HUD 的界面呈现，以及内生的导航元素，《死亡空间》力求做到的是超越游戏，成为一种能够唤起人们的恐惧、感受到宇宙空间的残酷以及宗教狂热的体验。品牌推广、跨媒体的传播、大场面的主题，以及一个统一的、团队支持的愿景都是促成游戏成为一个难忘的体验的因素。

记住，视频游戏无可争议地是一种现代文化——一种全球公认的价值数十亿美元的文化形式。并且，尽管它不像其他被尊崇的流行文化形式如文学、电影，游戏有其满足受众和玩家与生俱来的独特特质。游戏的独特来自于它的一些因素给玩家带来的一些独特游戏体验。

在这些因素中，最有影响力的是：其潜在的非线性——这让每个参与者的体验都不一样，甚至这次参与和上次参与的体验也不一样；更大的选择自由——玩家自行决定这是不是一个良好的道德体系，是不是一个有分支的对话；有效的参与感——玩家必须真正使用他们的聪明才智和具体的行动来完成挑战以继续游戏。

设计师需要为整体的游戏体验而设计，而与之相对的，是他们必须精心设计游戏的每一个独立的部分。没有哪个玩家去玩一个游戏仅仅是因为设计师在基于物理的谜题设计上有所创新，或是在故事情节的转折上有新意。他们在乎的是所有元素组合在一起的体验。设计师的经验会随着设计游戏的过程而增长，但我们需要做到整体大于部分（参见原理

57 "协同效应")。

　　总结成简单的规则就是：关注你的玩家。游戏设计师（国内公司通常称为游戏策划），作为游戏开发过程的参与者，不是最终产品唯一的享受者（参见原理 60 "以用户为中心的设计"）。尽管设计师拥有理想和激情，但最终花费时间和金钱在这个游戏上的是其他人。设计师只要心中记着最终的用户，他们会愿意将设计打磨成能够从体验上提供更大的影响。

　　关注情感，创造紧张氛围。要做到这个，有一种方法就是明确地计划这个游戏要的是"关于意想不到的惊喜"，或"粗俗的幽默"，或"令人满意的秘密行动"，还是"感觉像一个专业的运动员"（参见原理 58 "主题"）。当设计师在确定整个体验的目标上花时间的时候，通往杰出的游戏体验的道路就向我们展开了。

　　如果执行得当，以体验为核心的游戏开发会让游戏作为媒介的特性逐渐成型。我们在游戏开发的过程中应当积极地考虑这个问题，即使我们不是抱着多么崇高的理想在开发这个游戏。矛盾的是，设计师可以全心投入地设计由各种交互系统组合起来的游戏，试图带来乐趣，而乐趣不会独立于游戏过程单独存在。设计师需要确保将重点放在游戏作为介质的优点并着力发展它，以设计的过程作为一个挑战更广泛思维方式的机会，生成独特的主题，给玩家以快乐和惊喜。记住，制作游戏就是在制造文化，设计师需要承担起随之而来的责任。

原理 38　心流

"心流"（flow）描述的是一种内在的动机达到顶峰的状态，在这种状态下，人的意识超越了身体上的感知，进入一种狂喜状态。这种状态发生在一个人自身的技能与他正在从事的任务或面对的挑战相一致时。米哈伊·奇克森特米哈伊（Mihaly Csikszentmihalyi）在他的同名著作中描述了心流的原理。其特征是享受这个行为的过程，充分参与到其中，将所有精力都集中在这个焦点上并且充分沉浸其中。英文中描述这个状态的其他用语包括"in the groove" "in tune" "in the zone"。

通常人们在从事体育活动时有可能进入心流状态。例如，当一个滑雪者从一个坡度刚好的山坡上冲下来的时候，他就有可能达到心流状态。在心流体验中，时间会膨胀（参见原理98 "时间膨胀"），并显得完全不相干了，当前这个行为本身占据了滑雪者所有的注意力。

每个人或多或少地都经历过心流的状态。作家文思泉涌的时候、工匠全神贯注于手中的作品时、游戏玩家完全沉浸在游戏中时，他们都在经历心流的体验。

心流的关键在于这个人的关注度集中在这一点上，并且这个挑战的难度和他的技能水平相匹配。一个初学者有可能聚焦在任务上但不会产生心流，因为对于他们的技能水平来说这个任务太难。这就是为什么在设计游戏的时候，设计师需要设计新手引导和入门关卡。通过游戏前面容易的部分，设计师在让玩家为在后面的关卡达到心流的状态做准备。他们慢慢地向玩家介绍游戏的机制。

游戏设计师（国内公司通常称为游戏策划）常常低估了这些入门关卡的重要性。因为新手玩家对于游戏完全没有掌握任何技巧（除非这是一个玩家有着丰富经验的体裁，他们只需要掌握新游戏中的某些特定控制技巧就行了），游戏中的挑战完全超越了他们的技能水平。为了吸引玩家玩到后面更高、更复杂的关卡，设计师必须将难度下调到能够适应玩家的技能水平。并不是说要把游戏设计到容易得不像话，玩家还是需要一些挑战性的，否则他们会感到无聊继而抛弃游戏。

另一方面，如果游戏一开始就跳到一个专家级的水平，玩家会感到挫败感严重并且放弃游戏。理想的情况是，玩家的状态应该不断地在挫败和无聊之间浮动。在哪一方面走得太远甚至走到极端都会让玩家不再玩下去。

有一个游戏设计师能够用来提升心流的工具是游戏的美感。令人愉悦的图形、引人入胜的故事，以及吸引注意力的主题能够鼓励玩家在入门阶段继续下去，直至对游戏的掌握达到一定程度。游戏的美感就是玩家应对新挑战而得到的奖励。不过美感可以在开始的时候吸引玩家，却不能将他们留住太久。要进入游戏丰富的核心体验，玩家必须通过初级阶段，来到练习阶段。

这个游戏体验中的第二阶段，是手头的任务依然有点超出玩家的技能水平，但游戏的挑战和美感已经有效地把玩家吸引进来了。玩家可能会在练习阶段花费大量的时间，游戏的美感、运行、机制会支持他们这个阶段的学习，直到他们完全掌握达成心流体验所需要的技能。

最后，当玩家完全掌握了所需的技能，心流会让他们继续下去。挫败和无聊之间的良好平衡已经实现，对引人入胜的内容的精心注意会让他们持续数小时地沉浸其中。

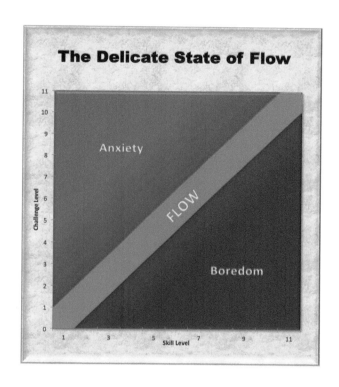

原理 39　4 种创意方法

很多人认为创造力是一种与生俱来的天资，不能通过后天学习而获得。但一位名叫阿尔内·迪特里希（Arne Dietrich）的心理学教授持不同意见。他认为，每一个人都能以他们自己的方式发挥创造性，并且从某种意义上说创造力是一个能被学习的技巧。他的理论认为创造力可以是：

- 自发的认知的；
- 自发的情感的；
- 有意识的认知的；
- 有意识的情感的。

有些形式的创造力是非常自发地发生的。在洗澡时或充满幻想的睡梦中产生的"灵光一现"有时就能引导你最终做出一些伟大的东西。不管这些想法有没有最终被付诸行动，每一个人都有获得这些创意的机会并且不断参与其中。艺术家、作家及其他通常被认为是在从事创意性工作的人通常更容易产生自发性的创造力。

有些形式的创造力是从已经掌握的技能的基础上建立和发展起来的，例如使用现有的知识去解决问题，冒着风险去寻找替代方案。这就是有意识的创造性。尼古拉·特斯拉[1]（Nicola Tesla）和乔布斯（Steve Jobs）都是有创意的创造者，他们应用他们的知识来创造伟大的产品和解决问题。

那么，如果这些都是每个人能够发挥创造性的方式，我们如何能够激发自己积极地使用它们呢？它们在游戏设计领域又是如何发挥作用的呢？

游戏从本质上就是创造性的。为了获得和保持玩家的注意力，游戏除了自身具有的各种特点，还必须要有吸引人的元素，体验流程和可玩性。这些元素都应用到不同程度的创造性。

那种讲述一个故事的游戏或是特别强调美术的游戏，需要自发性的创造力，这样的创造力自然而然地来自于幻觉、梦境或者是白日梦，这就是"火花"。在我们抓住这个思维的火花之后，就要将之塑造成一个吸引人的元素。这就是我们需要有经验的写手和艺术家介入的时候了，我们需要他们花时间来将之雕琢成能够面对玩家的东西。

所有的游戏都应该有一个体验流程（参见原理 38 "心流"）。要生成一个不让用户觉得无聊的游戏体验流程，需要多方面的创造力共同起作用。这里主要用到有意识的创造，以及关于这个游戏的知识——主题、机制、内容——来创建这个体验流程，并有能力去实践和尝试。

有意识的创造是一种有意将思维聚焦在现有知识上的行为，它是可以被改变的，也是可以被试验的。而自发的创造可以在与项目无关的短暂的休息时间被激发。吃个午饭、玩玩其他游戏，或者打个盹都可能成为一个人发挥创意的最佳工具。

1　尼古拉·特斯拉（Nicola Tesla），塞尔维亚裔美籍物理学家、机械工程师和电机工程师，交流电之父。——译者注

原理 40 游戏体裁

"体裁"（genre）是一个艺术领域的概念，它指的是艺术中不同类型的有特定形式、内容、技艺或类似特征的活动。游戏的体裁是广泛和多样的，用于从交互形式上而不是视觉或艺术处理的差异上来区分游戏。所以将"僵尸游戏"称为一个游戏的体裁是不确切的，因为这主要是针对游戏的设定或故事的描述，而不是针对玩家与游戏的交互形式（参见原理 58 "主题"）。

游戏体裁不应该被看作是固定的模板。在很多情况下，来源于某个类型的元素可以用在另一个类型的游戏中以创造新的、有趣的体验。比如游戏《传送门》（*Portal*）就可以被看作一个 FPS 和解谜游戏（puzzle）的混搭。

当然我们也有空间去发明新的游戏体裁，虽然这更有可能发生在独立游戏开发中或是教育类游戏产业。而大型的、传统的游戏公司由于在风险控制上更为保守，很难进行如此深层次的创新。一个新的游戏体裁，可能会成为一个巨大的成功，但也有可能成为一个巨大的失败。没有之前的数据来衡量一个游戏能带来多大的利润，大公司很难会决定为其投资（参见原理 55 "风险评估"）。

下一页的游戏体裁列表不是完全的，也不是限制性的。它只是一个常见体裁的总览。这里列出来是为了提供灵感，集思广益，促进讨论。

游戏体裁

体裁名称	描述
FPS	第一人称射击：也许最有名的游戏类型就是 FPS。在一个 FPS 游戏中，玩家以第一人称视角看世界，并试图用他们自己手中的武器射击敌人。这种类型的等级设计非常出名，因为等级是创造引人注目和有趣的让玩家竞争游戏空间的关键。FPS 游戏通常是竞争非常激烈的游戏，尽管在团队作战或是夺旗类型的 FPS 游戏中玩家需要团队合作。
RTS	即时战略（real-time strategy，RTS）：另一个非常受欢迎的游戏体裁是即时战略。在一个 RTS 游戏中，玩家需要管理和分配他们得到的资源来建立一个帝国。《文明》（*Civilization*）大概是这个体裁中最有名的游戏了。游戏的"即时性"来自于事情都是即时发生的，你需要花时间来建设，而各种行为都是按照你实施它们的顺序来发生的。
adventure	冒险类：冒险类游戏是从以故事为基础的交互类小说中发展起来的。这类游戏中的主角要去经历一场冒险，如《古墓丽影》（*Tomb Raider*）。主角必须解决谜题，与敌人正面交锋，在各种地形和迷宫间穿梭，最终达成它们在游戏中的终极目标。这个目标有可能只是故事的高潮，或者他们将得到非常诱人的战利品。
action	动作类：动作类游戏是冒险类游戏的一个子集，这两者之间有着一些相似的特性。在有些情况下，这两个名称是可以互换的，有些游戏则可能被分类为动作 / 冒险类。相对于传统的冒险类游戏，动作类游戏会更关注战斗。

体裁名称	描　　述
puzzle	解谜类：丝毫不让人意外地，解谜类游戏就是需要玩家解决谜题的游戏。谜题可能是空间谜题或逻辑谜题，而它们的难度可以从非常简单到及其复杂。
sports	体育类：体育类游戏是一个发展得非常完善的游戏体裁。体育类游戏基本上会模拟一个体育运动，如高尔夫、橄榄球、足球、篮球等。这些游戏致力于为游戏宅男们提供尽可能接近真实的运动体验。
RPG	角色扮演类：接下来我们要说的是 RPG。RPG 下面还有一个小分类是日式 RPG 游戏（Japanese RPG，JRPG）。在 RPG 游戏中玩家将会有一个角色，并且在游戏的过程中扮演这个角色。该角色通常是一个英雄人物，尽管大多数 RPG 游戏允许玩家在正面角色和反面角色中做选择。JRPG 被单独分出来是由于它们更加看重叙事性。
MMO/MMORPG	MMO 和大型多人在线 RPG（massively multiplayer online RPG，MMORPG）：RPG 中的另一个小分类是 MMO/MMORPG。在一个 MMO 中，玩家必须连接到互联网才能进行游戏，并且这个游戏过程是跟成千上万的其他玩家一起的。这种类型的 RPG 跟一种传统的角色扮演游戏是最接近的，这种传统的角色扮演游戏中，玩家之间互相需要有互动，他们一起共同完成游戏（或者互相对抗）。
SIM	模拟经营类（simulation，SIM）：这类游戏模拟一种现实生活中的活动，如开车、驾驶飞机、建造一座城市，或生活本身。在模拟经营类游戏中，各种活动都尽可能地真实，就像在体育类游戏中一样。《模拟城市》（SimCity）为很多模拟经营类游戏设立了基调，包括早期的飞行模拟器，而飞行模拟器至今在飞行员培训中还经常被使用。
strategy	策略类：除了 RTS 游戏之外，还有其他的策略类游戏，它们的关注点通常在军事行动或战役。这类游戏就好像下棋，最终的结果都是有逻辑依据的。一个策略类游戏可以是历史性的，设定为历史上某一场特定的战争，也可以是完全凭空想象出来的。其共同之处是都以策略作为基础。
casual	休闲类：在休闲类游戏中，一局游戏的时间都不长，玩法也不深。像纸牌（Solitaire）、扫雷（Minesweeper）和各种各样的其他小游戏都属于这一类游戏体裁。这类游戏在移动设备和一些社交平台如 Facebook 上非常受欢迎，它们都鼓励玩家在其他活动的间隙来参与这些游戏。Facebook 游戏发展迅速并且变得如此流行，它们已经创造了自己新的约定俗成的规则（参见原理 42 "游戏中的'约定俗成'"）。
niche	细分市场：最后，特别为某些细分市场开发的游戏的数量也开始向传统游戏发起挑战。一种是节奏或音乐游戏，这类中打头阵的是《吉他英雄》（Guitar Hero）和《摇滚乐队》（Rock Band）。其他种类包括传统的聚会游戏、知识问题游戏和卡牌类或桌游。艺术类游戏也可以被归为这一类，这种游戏相对于游戏体验更看重美学体验。除此之外，严肃游戏也自成一个体裁。这类游戏包括帮助病患战胜病魔的游戏，帮助外科医生掌握新技能的游戏等等。

原理 41 游戏的核心

游戏的"核心"(pillar)是一种高屋建瓴的、以动作为核心的概念或者目标,在游戏开发的过程中它起到指导原则的作用。在构思一个新游戏的时候,确定游戏的核心通常是第一要务,因为这能帮助向整个团队传达项目的总体方向。一旦游戏核心被确立,将它们揉进一个句子中就成为了一个能够用于向发行商和公众介绍游戏的简介。

由于游戏都是交互性的,这个"核心"非常关键的一点就是要跟玩家在游戏中需要进行的动作密切相关。使用美术和主题相关的元素作为游戏"核心"的灵感来源(参见原理 58 "主题")是可以的,但前提是主要的考虑方向还是在于游戏的具体功能。要理解为什么这样,我们可以试着考虑一下相反的情况:如果开发者将他们对游戏核心的考量重点放在美术上,他们将不会在游戏的机制相关的决策上有一个清晰的方向,以至于可能会拿来一个现有的游戏只是改改美术,这最终就成了一个老游戏的"新皮肤"版本而不是一个有趣的新游戏。从另一方面这也意味着,"核心"也可应用于小一些的范围,比如美术团队就可以设立他们自己的美术"核心",用来支持整个游戏的"核心"。

清楚地定义一个项目的核心能够让团队评估他们在创新和借鉴方面的工作量。如果所有的核心都和另一款游戏一样,玩家看到后会认出其潜在的模式,并且将这个游戏看成另一款游戏的克隆,而非一个独立的不一样的体验。通过将其他各种游戏中的核心进行扩展、改进、用独特的方式混搭,就能在不承担太大风险的情况下达到原创性(参见原理 55 "风险评估")。

如何生成游戏的核心

一种生成游戏核心的头脑风暴方法是问关于"如果……会怎样"的问题。

- 如果把一种体裁中最好的元素和另一种体裁中最好的元素结合起来会怎样?
- 如果把另一个游戏中失败的机制改造一下会怎样?
- 如果将当前的游戏玩法延伸,允许一些新的行为会怎样?
- 如果将其他媒介的体验复制到游戏中来会怎样?

如果持续不断地问这样的问题,一个团队就会被迫去分析这个项目,而这能帮助他们发现游戏世界中尚未被发现和待开发的区域。

严格控制游戏核心的数量通常也是非常有利的。一般来讲比较常见的是 3 个核心,因为这样能保证针对每一个核心都能深入,而不至于弄得太复杂。6 个核心通常就太多了。

如何使用核心

在开发的初始阶段定义核心,同时考虑到人员和时间的限制,能够帮助确立合适的范围。早期把核心定义清楚还能避免一些与之矛盾的元素在开发阶段被混进来。例如,如果"可达性"是一个核心,设计一个只能通过试错来解决的谜题就是完全违背可达性的原则的，这样一个矛盾的存在会让享受着游戏中其他可达元素的玩家感到失望和受挫。一个合适的核心能够在开发团队开始工作之前帮助其勾画出大致的需求。以"流畅的移动"这样一个核心为例，这个核心能够从游戏的角度、人物设计、战斗设计、世界设计和动画的工作量等方面给予指导。

- **游戏的角度**：第三人称的角度能够凸显并且强化"流畅的移动"的优势。相对而言，第一人称的角度就不太适合这个主题，因为必须考虑避免晕动现象的发生。
- **人物设计**：玩家角色的形象设计成瘦长的就比矮胖的合适，这样更符合他们在环境中移动得非常流畅的形象。
- **战斗设计**：玩家角色在游戏世界中移动的流畅性也应该延伸到战斗场景。笨重、粗暴的战斗设计会破坏玩家的沉浸感。
- **世界设计**：建筑和地形都要从视觉上体现玩家能做和不能做的事情。比如建筑物的表面就要有视觉语言明确地表达该建筑是否能够攀爬。
- **动画的工作量**：流畅的移动要求很多动画来实现无缝过渡，而这有可能超过硬件的负荷能力，因此需要小心计划。

游戏的核心指导开发团队去创造一个重点突出的、独特的体验。尽早定义游戏的核心能够为开发过程减少很多麻烦，让开发过程更高效，并简化设计过程。

强有力的核心能够给开发过程带来启发，并且提升游戏设计的质量。

原理 42　游戏中的"约定俗成"

游戏中的"约定俗成"（trope）是指那些一直被广泛应用在各种游戏中，并且被公众认为是常态，甚至是标准的观念。有一些约定俗成的东西是非常有用的。比如很多游戏都采用 X 键来作为控制跳跃的命令。并没有哪一条法则规定我们必须这样做，设计师可以将 Y 或者 A 用作跳跃命令，但它被应用得太广泛了，玩家在按下 X 键的时候就期待能看到跳跃动作。如果游戏中没有跳跃动作，X 键也常被用来控制最常用的动作（参见原理 33 "核心游戏循环"）。

在此必须重申，这是一个传统或者一种约定俗成，并不是一个规定。游戏中还有很多这样约定俗成的东西。如果改用其他按键来控制跳跃能让游戏的可用性得到提升，我们就应该那么做。用 X 键来控制跳跃在大多数时候是方便而有用的，玩家可以很容易上手一个新游戏而不用太费力地去学习一种新的控制模式（参见原理 91 "别让我思考——克鲁克的可用性第一定律"）。

游戏中并不是所有的约定俗成都这么有用。有一些是从 20 或 30 年前就开始的，它们也许在那个时候很有用，而现在却已经失效了，有些甚至看起来很奇怪。

最显而易见的例子就是谋杀。在现实世界中，夺去他人的生命是一种非常极端的行为，会导致非常严重的后果和问题。而在视频游戏中，"杀"是一种约定俗成的行为——杀人、杀怪、杀动物、杀鬼——这是一种与它们进行互动的默认方式（参见原理 46 "魔杖"）。

对设计师而言，游戏中约定俗称的东西可能是朋友，也可能是敌人。有时候它们能让一个游戏的操作界面更加直观。而另一方面，对于一个特别的主题或者实验性的游戏循环，它们又可能成为阻碍。例如，如果设计师想把游戏的主角塑造成一个非常正直的人，就需要颠覆一些游戏中的约定俗成，比如可以去别人家随便拿东西，比如可以翻动敌人的尸体来找战利品。

只要设计师意识到这些约定俗成在他们的设计中存在，这些约定俗成就能为他们所用，不管是用来提升可用性还是作为创新的试金石。

以下是一些与游戏共同成长的"约定俗成"的例子。

■ 急救包

从设计角度来讲，把一个上面画着红十字的白盒子放在地上等于立刻告诉玩家这是一个里面装着神奇治疗药水的急救包，能马上让你回血。这简直太好了。可是在现实世界里，急救包可能出现在办公大楼里，里面只有创可贴，而不会在马路上每隔 10 英尺出现一个。急救包在视频游戏中的应用如此广泛，以至于许多设计师让他们设计的游戏世界中毫无理由地充斥着各种急救包，甚至不考虑这是不是平衡他们游戏的最好的办法。

■ 偷盗

在现实生活中如果有人闯进别人的房子里去偷东西，他们同时犯了私闯民宅和偷盗两重罪，两条罪都会让他们受到惩罚。而在视频游戏中，玩家经常会由于没有闯入别人的房子、没有拿走原本属于别人的东西而受到惩罚。他们被罚得不到他们想要的经验值，得不到他们想要的升级，或者没法杀死 boss 而进入下一级。在游戏中，只要这个东西没被钉死在那里，你就可以抢走它。

■ **宝箱**

正如现实世界不会遍地是急救包一样，现实世界也不会遍地是宝箱。然而视频游戏中一个非常普遍的约定俗成就是遍地是宝箱，玩家可以砸开或用枪射开，然后取走里面的东西。一个独立小游戏《超级包装箱》（*Super Crate Box*）就将其用到了极致，直接把这个荒诞的约定俗成变成了核心游戏循环。

这是一个很好的例子，说明了如何扭转这些约定俗成的东西，如何重新想象其他人都觉得理所当然的东西。

以上列出的并不是一个完整的清单，只是一个开始检视和重新发现游戏中的约定俗称的起点。

原理 43 格式塔

我们都听过一句话叫"整体大于部分之和",但这句话究竟是什么意思呢?它又是从哪儿来的呢?这些其实都是简单的问题。

真正复杂的问题是我们如何将之应用于游戏设计呢?有人认为格式塔原理(Gestalt pinciple),也就是整体大于部分的原理最初是由艾伦费尔斯(Christian von Ehrenfels)、考夫卡(Kurt Koffka)、科勒(Wolfgang Kohler)和韦特默(Max Wertheimer)在 20 世纪初期提出的,并且在后来的时间里被众多学者完善。这一原理可以在几乎所有跟艺术和设计相关的一切中发现,也可以在一些其他地方被看到。该原理背后的基本思想是,尽管每一样东西都有价值,当你把这些东西以某种特定的方式叠加到一起,它们将产生更大的价值。

该原理中还包含一系列规则,如下所示。

- **闭合化 / 具象化**:我们会看到完整的物体,即使它的一部分是缺失的。
- **连续性**:我们倾向于把小的部分看成连续的。
- **相似性**:我们把任何有相似性的对象组合在一起。
- **接近性 / 共同命运**:我们把互相靠近或一起运动的对象组合在一起。
- **对称性**:我们基于一个对象与其他对象的关系、它的识别性以及平衡来将对象组合在一起。
- **不变性**:我们能认出变形的或移动了的对象。
- **图形 / 背景分离**:我们一次能注意到一个图像而不是多个。当前景和背景相互关联时我们只能注意到其中的一个。

格式塔原理在艺术之外的很多领域被广泛应用。比如代数中的一个简单例子:$x = a + b$,其中 a 和 b 分开来看都是有一个值的变量,但当它们被加到一起就得到了 x,x 跟 a 或 b 是完全不同的。

格式塔原理还可应用于心理学。当一个人看到罗夏克墨迹测验[1]中的墨迹时,他们从整个墨迹中看到不同部分组成的图形就是由于图形 / 背景分离原则。

以下是一些格式塔原理应用于游戏设计的例子:

例 1:一个游戏中包含很多独立的元素,它们必须结合在一起同时起作用,才能形成一个完整的游戏,构成有趣的游戏体验。游戏中的每个部分都能被分解成很多部分:用户界面、HUD、玩家、敌人、NPC、关卡、机制、排行榜等。游戏的每一部分不光要能独立运作,还必须与其他部分紧密合作来创造一个功能完整的游戏。

例 2:许多设计师和玩家可能都听说过技能树,玩家可以通过这个来选择何时和如何升级他们的技能、武器、药水或其他能力。设计师除了要考虑技能树的经济系统,还要考虑这些等级、敌人、以及美术风格如何随着游戏的进程而发展。设计师需要看到的不仅仅是游戏中的每一个关卡如何与其他关卡相联系,还要看到每一个关卡如何单独存在。由此,他们能决定哪几个关卡在美术、设计、故事、和 / 或机制上能够跟其他关卡组合在一起。敌

---

1 罗夏克墨迹测验简称 RIBT,由瑞士精神病学家罗夏克(Rorscharch)于 1921 年创立。测验内容是他将墨水洒在白纸上然后对折,形成一个对称的墨迹图,并将之呈现给受试者,让他们根据图形自由想像并口头报告。文章右页配图就是该测验中所有的墨迹图。——译者注

人也是一样：有些敌人会飞，有些会有一到两种武器，有些能造成特定的伤害值，等等。

例 3：格式塔原理在游戏的故事层面也有体现（参见原理 36 "环境叙事"）。我们都听过另一个说法："只见树木，不见森林"，意思是被小的东西分散了注意力以至于看不到全局。在游戏的开发过程中，有太多小细节会让开发者停滞不前，但只要他们保持对全局的关注，他们总能继续下去。同时，游戏中的每一个美术细节都必须有统一的感觉、艺术风格和整体外观，这样才能与游戏中的其他一切更好地搭配。所有这些细节搭配在一起才能帮助保持玩家在游戏中的沉浸感。

例 4：这个例子跟美术比较有关系。比如在一个游戏的第五关，玩家会看到两种类型的敌人。由于他们在之前的第二关见过这两类敌人，他们知道其中一种会给造成 5% 的伤害，另一种会造成 25% 的伤害，并且在玩家试图接近它们的时候会直接跳向空中。因此，由于敌人跟第二关是一模一样的，玩家会理解它们造成的伤害跟第二关也是一样的。而到了第七关，玩家发现其中一种敌人的衣服颜色变成了更深、看起来更邪恶的颜色——从淡黄色变成了深红色。这个美术上的变动告诉玩家这个敌人跟第二的敌人在能力上是类似的，但是更强大……可能它们会给玩家造成 15% 的伤害而不是 5%。类似情况可以出现在敌人、环境和玩家的属性值的表现上。这是一种从视觉的角度给玩家展示细节和讲述故事的方法。这之所以管用是因为人类的大脑处理和记忆图像比文字要更快、更容易。

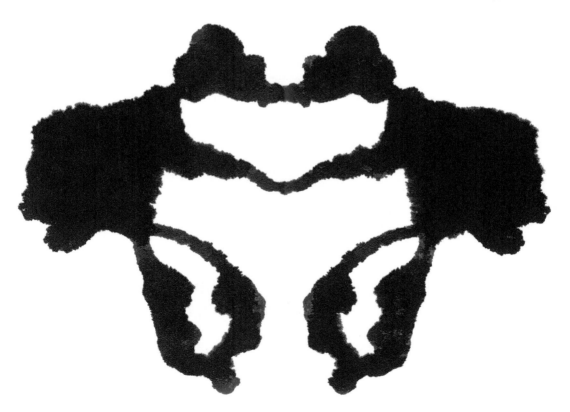

原理 44   补充规则

所有人都知道游戏需要规则，但即使是这样一个"游戏中的'约定俗成'"（参见原理 42"游戏中的'约定俗成'"）也可以被仔细检视并且用来加以创新。

规则

首先，所有的游戏都需要规则，这是一个游戏最基本的组成部分。规则是所有游戏的核心，它奠定了游戏的机制、设定、游戏说明，以及"核心游戏循环"（参见原理 33"核心游戏循环"）。在桌上游戏（board game）和卡牌游戏中，规则通常是由参与者来负责执行的，不过在比赛中则会有公证人和裁判。破坏规则会被认为是作弊。

视频游戏的规则是通过程序来强制执行的。理论上来讲在视频游戏中犯规是不可能的，因为它们是写死在程序中的。玩家通常会严肃地对待这些规则并且觉得只要是他们能在游戏做到的事情就是规则允许的（参见原理 88"破坏者"）。所以如果他们发现一个漏洞能让他们凭空得到数千个金币，他们会开足马力去这么做并且通常不会觉得他们犯规了（游戏的设计者和开发者则通常不这么认为。参见原理 56"供需关系"）。

补充规则

"补充规则"（house rule）通常不是白纸黑字写下来的，它们是非正式的，游戏的参与者在一些特定情况下会给游戏加上一些特殊的规则。这些规则通常都是由玩家自己发明的，跟设计师没有任何关系。例如，在传统的纸牌游戏中，万能牌的使用通常就是由补充规则来定义的（参见原理 2"A 最大，鬼万能"）。有时人们会允许资历浅的玩家得到一些额外好处，或者当人们觉得有些规则不平衡时他们会用补充规则来改进它。尽管视频游戏中的规则都是写死的，人们依然有可能对其实施补充规则。比如当玩家有 3 个具有不同能力和优势的人物可以选择的时候，一个多人比赛的组织者可以向参与者规定哪一个人物是允许使用的。在这些情况下，补充规则通常是在程序本身包含的规则之外加入更多的规则，而不是像人们在模拟游戏（analog game）中做的那样，去修改既有的规则。

指导原则

"指导原则"（guideline）比补充规则更加不正式。不管是在卡牌游戏中还是视频游戏中，指导原则有时候是被写在规则手册上的。它们通常来自游戏的开发者而不是参与者。在模拟游戏中，它们通常是被作为正式规则之外的一部分而设立的，用以给玩家提供关于可能的补充规则的建议，以及告诉玩家如何针对该游戏并根据每一个玩家的能力来调整游戏的难度。在视频游戏中，这类难度设置通常放在菜单选项中。一些开发商组织的视频游戏竞赛中的竞赛规则也可被看作指导原则，因为它们不是写死到游戏的程序中的。

建议

与严格地写死在程序中的"规则"相对应的另一个极端，就是以各种形式存在的"建议"（suggestion）。建议既可以来自参与者也可以来自开发者。即使它们不被遵守，也不太有人会在意。策略指导、提示和技巧、攻略和视频都可以被认为是建议。

游戏设计师（国内游戏公司通常称为"游戏策划"）在规则方面创新的最直观的方式就是，在可能的情况下将指导原则和建议包括进去，甚至写进视频游戏的程序中。埋藏在旧期刊杂志中间的提示信息和指示就是一个很好的例子，它体现了在游戏这样连续的情境中，从必须遵守的硬性规则到不确定的和可选的规则的可能性。补充规则是一种在实际的游戏过程中对游戏进行试验，以及对"平衡和调试"（参见原理 64 "平衡和调试"）有指导作用的一种非常好的方式。

原理 45 迭代

迭代（iteration）是对一个行为不断进行重复，并且将前一次的结果作为基础来进行下一轮重复的过程。也就是说，将前一次重复所得到的输出作为下一次迭代的输入。将它看成是周期性提案或草案是最合适不过的——每一步，或每一次迭代，都在前一次的基础上慢慢增加和改进了一些东西，通过渐进式的演化把我们正在构建的东西一步一步变成现实，由光秃秃的骨头到有血有肉的整体。

很多时候游戏开发（或更广泛地说，任何开发工作）是一个迭代的过程。游戏的开发过程会从一个只有粗略图形（甚至可能只有形状和字母）和很少功能的原型（prototype）开始（参见原理 54 "原型" 和原理 50 "纸上原型"）。在每一次迭代的过程中，制作团队在现有代码的基础上为其加上更多的功能点——更多的游戏功能被添加上去，现有的机制变得更加复杂和强大，图形和声音更加能代表团队的愿景。迭代是游戏设计中的一个重要原理，它让游戏变得更加完善、反应灵敏，最重要的是无障碍。

在内部开发周期之外，玩家也能看到更多明显的迭代。大多数每年出一次更新的体育游戏，这个更新就是在上一年基础上的一个迭代，它们在旧版本的基础上增加了一些新功能，修复或解决了一些旧问题。

游戏本身也表现出迭代的体验特质。一些能看到这个特质的好例子包括如下。

■ **塔防游戏（tower defense game）**

这是一个非常直接的迭代的游戏体验的例子。每一波敌人都是一个新的迭代：地图是一样的，但是敌人会越来越难对付，并且有越来越多的种类，玩家的炮塔也在不断地进步。

■ **《使命召唤：僵尸》（*Call of Duty*：*Zombies*）**

和其他使命召唤游戏差不多，但是有僵尸！（至于这是不是算改良，就要看玩家的了。）

■ **街头霸王系列（the Street Fighter series）**

卡普空（Capcom）公司以发布了一系列迭代的街头霸王游戏闻名：每一版与前一版相比，都有一些新的人物，一些新的功能，并且会在标题上增添新的前缀或者后缀。

■ **《银河战士》（*Metroid*）**

随着主人公萨姆斯（Samus）在 Zebes 星球（或她执行任务的其他地方）上的行动，她的力量和技能会逐渐成长。这让她可以回到之前到过的地点，做之前没做过的事情（如通过新的通道，摧毁之前无法对付的障碍物等。）

■ **《森喜刚》（*Donkey Kong*）**

跟其他 80 年代经典的街机游戏一样，当玩家打到第四个画面，也就是最后一个画面的时候，会直接跳转到第一个画面，但这个时候是一个难度更高的迭代——木桶扔出来的速度会更快，并且会开始出现火球。

　　《森喜刚》的例子说明了难度等级也可以被看作是迭代的游戏体验。随着玩家一步一步玩到比较难的等级，他们会碰到建立在上一级基础上的新挑战。

这个游戏的概念开始是相当简单的。但每一次迭代中都能看到功能点、主题和美术上的增加和改进。

原理 46   魔杖

大家都记得小时候玩"警察抓小偷"（cops and robbers）或"牛仔和印第安人"（cowboys and Indians）游戏的场景，或者是看亲戚们玩这种你死我活的游戏的场景，大家兴高采烈地假装射击别人，被击中的人应声倒下。从民族学家们的观点，这是一种普遍的行为。当枪还没有被发明出来的时候，大家就是使用长矛和弓箭。那个时候的孩子们通过这些幻想游戏来练习狩猎，因为他们终有一天会长大成人，将需要外出狩猎寻找食物。直到今天，孩子们依然热衷于这种幻想的游戏，尽管他们已经不再需要狩猎觅食了。这是为什么呢？

杰拉德·琼斯（Gerard Jones）在他的《杀死怪物》（*Killing Monsters：Why Children Need Fantasy，Superheroes and Make-Believe Violence*）一书中检视了儿童的幻想暴力及其作用。在这里重要的词是"幻想"（fantasy）。幻想的游戏方式让他们可以以一个安全的方式体验成人的世界。这让他们在一个想象的世界里表达他们的恐惧并与之抗争，这个想象的世界是包容的而且没有危险。

它为他们提供化解挫折感的方式。无论他们为了必须上床睡觉感到生气还是为一次游戏聚会结束而感到失望，幻想游戏给他们提供一种安全的方式来发泄他们的愤怒。它是一种以无害的方式化解攻击性的工具。

这种幻想性游戏的一个核心要素就是它没有后果（参见原理 12 "魔法圈"）。而没有后果正是这种游戏最好的奖励。在前一个场景里，除非父母责备，否则孩子已经可靠地解决了他的恐惧和愤怒。

同样，通过这样的游戏中的实践，孩子们愿意去面对真实生活中的各种挑战并得到他们想要的。游戏中愿意扮演被击中并且倒下的角色让他们能够战胜生活中面对一场面试或是面对一个挑战的恐惧。

枪或者魔杖（或长矛或弓箭）帮助孩子们觉得自己强大。这些小道具让他们跨越空间地投射破坏力，以至于可以不费吹灰之力地用手势击倒敌人。于是他们由此感觉到能够充满自信地处理任何事情。这些投射物事实上都是魔杖，它提供神奇的力量帮助你在远距离就能击溃敌人。

魔杖中包含的这个神奇力量就是给人鼓励，让人壮胆。这教会了孩子"不要害怕，做你认为是对的事情"。

请记住，作为成年人，甚至是青少年，我们都在学着从这种孩子们天生的幻想中抽离。这种幻想让小孩子们能成为超越他们自己的存在，而成年人和青少年只能去学习这个世界上已有的东西。

视频游戏让青少年面对他们最大的恐惧——毁灭（annihilation）并战胜它们。由于他们不像孩子们那样沉迷于自己的幻想，他们陶醉在别人设计的游戏里，也就是其他人创造的幻想中。

很多办公室在每天或每周结束的时候会有例行的真人版 FPS 活动。这就像孩子们的游戏一样，在没有任何后果的情况下让成年人们有机会发泄出这长长的一周的工作中的压力，不会对他们的同事们带来任何真实的伤害。很多成年人依然对能够远距离施展的力量感到着迷——想想《龙与地下城》（*Dungeons and Dragons*）或那些最新的幻想型 RPG 里那些使用魔法或是远程武器的玩家吧。

无论是一根魔杖、一把枪，还是电脑黑客，所有这些对人们的吸引力并不是暴力，而是能够远距离施展的力量，以及它所激发的内在的自信。

原理 47　超游戏思维

很多玩家会认为像万智牌（*Magic：The Gathering*）或《魔兽世界》（*World of Warcraft*）这样的游戏最有趣的部分是寻找和赢取卡牌或宠物的过程。这些游戏玩家通常对扩充他们的收集感兴趣。

有些玩家会在玩《魔兽世界》时在同一个区域花上好几个小时，只为了收集到一个珍稀的宠物。在万智牌游戏中，也有些玩家会花上数千美元去买补充卡包和纪念卡包，反而很少涉及游戏的其他部分，比如参加比赛。

设计师可能会认为这些玩家没有抓住游戏的重点，或是在用错误的方式玩游戏。不过在上面举的两个例子中，这样的玩家并没有破坏游戏规则，他们只不过是用了"核心游戏循环"（参见原理 33 "核心游戏循环"）之外的一些边缘功能来自娱自乐。这就是最基本的"超游戏思维"（metagaming）。玩家并不关心如何满足游戏开发商的想法，他们只关注自己怎样玩得开心并且会用他们能做到的任何方式来这么做。

在超游戏思维下，玩家通常会发展他们自己原创的复杂的一套"补充规则"（参见原理 44 "补充规则"）和指导原则，他们利用游戏中的环境和事物，但却不是以开发者原本预期的方式。这样的一些准则通常是，但不总是游戏设计师脑子里设想的方式的变种。

与其将超游戏思维领域留给玩家自由发挥，一些游戏开发者宁愿试着参与进来。比如Xbox Live 平台就推出了成就系统，给玩家一些在游戏里并不会影响最终结果的行为提供纪念徽章。这些行为包括"打开了游戏里的每一扇门"，或者"尝试了游戏中每一种类型的武器"等。

我们有足够的空间来施展与超游戏思维有关的创新。以《魔兽世界》中玩家的宠物收集癖来说，游戏中确有与此有关的成就，但是，难道就没有有趣的方式把它加入到游戏的故事线或主题中去吗？比如当玩家集齐了所有雏龙回到主城的时候，让他们收到消息说一个收藏家听说了他的事迹并想参观他的收藏？

如果游戏开发者能坦然接受玩家的超游戏思维，他们可能会从中发现现有代码的新的利用方式，或者一个新的目标市场。而如果玩家的独创受到承认而不是惩罚，他们通常会变为这个游戏的死忠粉丝。在游戏中隐藏一些东西的传统（彩蛋）也是游戏开发者参与到超游戏思维中去的一个例子（参见原理 8 "霍华德的隐匿性游戏设计法则"）。

有一种类型的游戏把超游戏思维发挥到了极致，这就是另类实境游戏（alternate reality game，ARG）[1]。这种类型的游戏利用生活中的方方面面作为游戏平台，将超游戏思维加之于接电话这样单调的小事之上。

1　也译作"侵入式虚拟现实互动游戏"、"另类实境游戏"、"候补现实游戏"、"虚拟现实游戏"、"替代现实游戏"等。参见浙江人民出版社《游戏改变世界》（简·麦戈尼格尔著，闾佳译，2012 年 9 月第 1 版）——译者注

原理 48 对象，属性，状态

让我们尝试退后一步，从一个抽象、广义的角度来看游戏。把复杂的事情分解成基本的部分是一个更好地了解它们的好方式。所以我们可以这样考虑：游戏可以归结为一种体验，它包含：（1）一个可以游戏的空间；（2）一个（或两个）交互对象；（3）一个（或两个）玩家提供输入。

这个由 3 类基本单位组成的生态系统为所有互动游戏提供了基础。《乓》（Pong）、《太空陨石歼灭战》（Asteroids，也有译作《小行星》或《太空战机》）、《俄罗斯方块》、《使命召唤》（Call of Duty），《卡卡颂》（Carcassonne）都是由这些元素组成的。

所以，在实践中，设计师将他们的大部分时间花在定义游戏中的空间和交互对象上，而这些也就是游戏中的 "对象"（objects）。杰西·谢尔（Jesse Schell）在他的《游戏设计的艺术》（The Art of Game Design：A Book of Lenses）一书中就有涉及到这方面的内容。但从更广泛的意义上来说，这也是编程语言的工作方式。

"对象" 就是游戏中像是玩家角色、各种物件、可移动的物体，等等这样的元素。举个实际的例子，在《超级马里奥兄弟》（Super Mario Bros）游戏中，"对象" 包括马里奥、金币和板栗仔（goombas）。"对象" 可以简单如一块用来阻碍角色前进的不可交互的石头，也可复杂如 boss 的复杂攻击模式、进化的不同阶段，和物理的表现状态。从根本上说，"对象" 是游戏的组成部分，通常它们都是名词：箱子、敌人、门、钥匙、燃料，和游戏中其他可以交互的一切。这些名词都可以用些微的细节描述，而这些程序中对 "对象" 赋予的可变或可操控的变量，就是它们的 "属性"（attributes）。

我们来想象一个陶罐，玩家可以打破它来获取里面的金币和回血。以下是它可能的属性：

- **尺寸**：0.5 米 ×0.5 米；
- **动画**：空闲状态；
- **是否可被玩家攻击**：是；
- **生命值**：1；
- **影响因素**：所有类型的攻击；
- **不同损毁程度下的物品掉落率**：

    0.5 秒延迟；

    15%：1 个额外生命值；

    8%：1 个金币；

    2%：一袋 10 个金币；

    75%：没有奖励。

这是一个相当基本的对象，它有着有血有肉的属性。这些属性详细地描述了它，包括有多大的几率在攻击它的时候能得到一袋金币（几率不大）。当然，这些不是它可能有的所有属性。大多数游戏设计会将游戏中所有对象的所有属性都列出来。对于大游戏来说这将是一个非常巨大的表格，而对对象数量相对较小的卡牌游戏和桌上游戏而言这个表格会相对简单。

属性并不是全部。对象还可以被"状态"（states）来定义。状态是表达属性的方式。对象状态的改变可能来自于玩家与其发生的交互、它们互相之间的交互、游戏设计师（国内公司通常称为游戏策划）定义的其他对象的动作，如定时器。

我们还是以陶罐为例。它只有两个状态：

- **活着（alive）**：陶罐存在于这个游戏中的基本状态；
- **死亡（dead）**：陶罐被攻击之后的状态。

陶罐状态的改变是由攻击触发的。我们之前定义的属性指出，当它受到攻击值大于 1 点的攻击时，陶罐会根据物品掉落率表格中的定义掉落物品。随即它将进入"死亡"状态。死亡状态下其属性如下：

- **动画**：陶罐破碎；
- **尺寸**：一堆 0.1 米 ×0.2 米的碎屑；
- **持续时间**：3 秒后消失；
- **是否可被玩家攻击**：否；
- **影响因素**：不再能交互。

以上就是游戏中对象、属性和状态的基本概念。通过这个方法，我们可以更容易地把游戏中运动的元素看作环环相扣的齿轮，而不是一个单一的整体体验。事实上，整个生态系统是复杂而相互关联的，一个对象的状态改变可能带来连锁反应，比如让另一个对象着火，或者让敌人在附近复活之类的。由于有了状态改变和不同的属性，游戏的各种复杂变化都成了可能。

另外，这些词语成为了游戏开发过程中跨领域交流的基本用语。在设计师、美术、程序员和制作人的讨论中，需要这样的理解程度和流畅度才能更好地描述游戏中的元素和它们之间的交互。

陶罐
状态：活着
属性：
是否可被玩家攻击 - 是
生命值 - 1

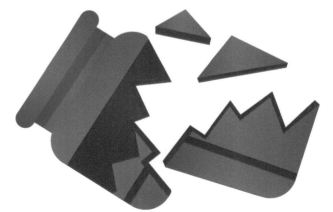

打破的陶罐
状态：死亡
属性：
是否可被玩家攻击 - 否
生命值 - 0

原理 49　吸引注意力的方法

如何得到玩家的注意力？当然我们有很多方法来达到这个目的，但这篇文章重点要讲一些设计师用来获得玩家注意力的廉价小把戏。

在很多时候，广告显然是捕获注意力之王。所以我们可以来看看广告中用到的吸引注意力的方法。

首先，性感的人物形象在视频游戏中一点也不新鲜。通常，游戏中的女人都被设计得超级性感，来让玩家将注意力集中到某样具体的事物上。例如，在《无尽的任务》（Everquest）的包装盒上就有一个穿着很少衣服的丰满金发女郎。这个约定俗成的做法在游戏的市场宣传和游戏本身的设计上都经常被使用。女性的护甲一点都不像护甲，倒更像内衣（有谁会在穿着护甲去战斗时露着她们所有的重要器官呢？），设计师设计它与其说是为了保护玩家角色，倒不如说是为了美丽和性感的视觉体验。

《古墓丽影》（Tomb Raider）特意使用了一个衣着暴露的女性形象劳拉·克劳馥，这样游戏主要针对的男性玩家在游戏过程中就有东西可看了。真实生活中，谁会穿着那么短的短裤跑去丛林和古墓里探险呢？

另一个获取注意力的工具是面部。大多数人对面部有反应。婴儿天生就能认识人类的面部，而人类会把面部当成图案模式来识别。用面部来获取玩家的注意力就好像拿着一块曲奇饼在他们面前挥舞，他们无法不去看它。

说到曲奇，食物正是另一种获取注意力的方式。在游戏《巧克力大亨》（Chocolatier）中，很多玩家都会垂涎游戏中的那些糖果，因为它们被画得太好看了。在游戏《阿斯龙的召唤》（Asheron's Call）中，玩家可以制作食物，为游戏中的事件，如婚礼或聚会提供通宵餐饮服务。用食物来吸引人同样是游戏开发者通过迎合人类最基本的欲望来达到目的的手段。

另一种获取玩家注意的廉价小把戏是利用动态。玩家最终一定会去点击那个不停在闪动的小礼品盒。一个带有动画效果的按键也会得到类似的关注度。闪烁、跳动和各种小动画能够很容易地抓住注意力。在设计 HUD 或用户界面上的元素时，如果有需要让玩家特别关注的元素，记住这个办法。

最后，让受众惊奇的元素也能帮助得到注意力。玩家对不断重复的界面和体验已经习惯了。通过赋予它一些改变，让它在玩家原本已经很熟悉的某些地方有不一样的响应方式或图形，就能让玩家感到惊奇。

原理 50　纸上原型

"原型"（prototyping）（参见原理 54 "原型"）是一个产品设计的方法。在将大量的时间和金钱花在开发一个产品之前，在还没有充分了解它、知道它是否会取得成功，甚至是否值得开发出来的时候，通过开发原型，开发人员可以节省资金和资源，同时对该产品得到足够的认识，并得到足够的数据来决定它是否值得被开发出来。

"纸上原型"（*paper prototyping*）就是原型开发的一个方法，也是最简单、最快速、通常也是最便宜的办法。纸上原型适用于卡牌游戏、骰子游戏、桌游、解谜游戏，以及游戏的用户界面、HUD，甚至按键的排布。

那么，设计师如何进行纸上原型设计呢？只要拿来一些纸、剪刀、绘图工具（蜡笔、钢笔、铅笔）和一个想法，就可以开始工作了。如果还想要更多工具，可以试试骰子、纸板、蜡纸、便利贴、马克笔、颜料、胶水、方格纸等，以及任何其他能找到的手工工具。纸上原型的目标是将一个想法尽可能细节化，用尽可能快速的、便宜的方式表现出来。设计师中一些更流行的工具包括空白卡牌、空白的六边形纸板、绘图用品，和供他们进行游戏测试的朋友。有人甚至会录下"游戏测试"（参见原理 52 "游戏测试"）的过程用于之后的演示。在动画和电影产业，故事板（storyboards）录成的视频演示也被成为"动态分镜头"（animatic）。

尽管纸上原型有效又廉价，但也有它的缺点。一些专家认为它是不专业和无条理的。另一方面如果纸上的表达没有意义或者没能恰当表达想法，纸上原型也可能成为设计的阻碍。不过我们有好的方法来规避这些缺点。我们可以更有创意，为纸上原型加入尽可能多的细节，这将让它看起来更专业。例如，使用不同颜色、不同质地和厚度的纸来区分不同的想法、菜单、窗口、背景，和原型中的其他部分；采用不同风格的文字、绘图和不同颜色的墨水也能提高原型的质量……同时遵循基本的图形设计原则，如色彩理论 、三分法、网格系统等。当原型开始变得没有条理，找一些方法来使其保持清爽，如建立清晰的文件夹结构来继续工作，想一想设计的流程（参见原理 38 "心流"），以及利用更多的纸上原型来创建一个演示板用以展示原型。

由于电子设备都开始变得越来越小并且有可触控屏幕以及绘图功能，更多的纸上原型开始被数字纸上原型取代，数字纸上原型可以在任何时间完成，而且不需要纸和剪刀等工具。现在的科技让技术人员可以在屏幕上动动手指头就能创建、编辑、移动一个元素，还能直接在设计上添加注释，然后按下某个键就能向其他人演示他们的设计。这样他们可以向受试者、设计师、制作人和其他任何需要看到的人展示他们在设计上的改进。

原理 51　三选二：快速，便宜，优质

开发者在每一个项目中都需要在快速、便宜和优质中做出平衡。在理想情况下，一个完美的游戏应该同时做到这几点——快速地开发出来，没有太高的成本，并且表现出非常高的质量，但是这过于理想化了。几乎没有团队能同时做到这 3 点，其中总有一点要被牺牲。

我们很容易看到"快速"和"优质"之间的关系。有野心的计划总是与紧迫的工期相矛盾的。这正是为什么我们要有项目的"范围"（scope）这个概念。有时候计划一个较小一些的，不那么有野心的项目（范围小一些）并且坚决地拒绝功能点的扩张，在不花费太多时间的情况下项目的完成质量能相对高一些。

然而，高质量的工作总是不便宜的。人们通常会举出这样的反例：一些典型的独立开发者可以独立完成一个优秀的作品。但多数提出这一点的人们都忘了，这个开发者可能花了整整一年的时间来开发这样一个有野心的作品。尽管这可能是优质又便宜的（只需要一个人的预算），但它没有办法太快。

弗雷德·布鲁克斯（Fred Brooks）的书《人月神话》（*The Mythical Man-Month：Essays on Software Engineering*）是针对这个课题的一本知名著作。他推荐"原型"（参见原理 54 "原型"）作为一个推进产品开发的方法，而这可以看作一种在前面描述的 3 个选项中牺牲掉"优质"的一个方法。他同时指出"9 个女人加起来也并不能在一个月内生出一个孩子"。有一些项目需要一定的时间并且没有办法更快，不管往其中投入了多少人力和财力。

当我们必须在这三者中做出选择的时候，记住没有人必须在每一种情况下都做出相同的选择。在项目的不同阶段我们需要强调的可能是这三者中不同的方面。也就是说，尽管一个游戏开发的初始阶段可能需要是快速和便宜的，到了正式开发阶段，可能要求会变成快速和优质（同时会变得昂贵）。当然，对于那些不那么重要的功能我们可以牺牲掉一些质量，以便能够快速完成，这样可以将预算和人力更多地集中在大功能和"核心游戏循环"（参见原理 33 "核心游戏循环"）上（参见原理 65 "细节"）。

遗憾的是，这个规律反过来并不成立。一个游戏的开发又慢又贵并且劣质是完全有可能的。

原理 52 游戏测试

游戏测试（*play testing*）既是一门艺术也是一门科学，它确保游戏与玩家之间的沟通是有效的，游戏完成了设计中它应当完成的事情，不会让玩家感到疑惑或是挫折，并且确保玩家得到高质量的体验。

在概念生成阶段听起来不错的主意并不见得总能在实践中得到好的结果。就像做饭，每个人都能头脑风暴想出新的配方，但直到打好鸡蛋、加热、有人品尝最终的成果，我们才能知道这个配方是不是像听起来的那么好。即使如此，有人觉得新菜非常美味，而有人却觉得一般的情况也有可能发生。没有产品可以取悦所有人，但游戏测试帮助我们了解一个游戏是不是取悦了一些人。

最单纯的游戏测试就是：把游戏给某些人，让他们尽量玩。这会揭示开发者在游戏开发过程中一些不正确的假设，以及开发者以为很明显但玩家却发现不了的事。在游戏测试中我们会发现哪些内容应该被加入新手引导中，哪里需要加上帮助文字，以及玩家事实上是怎样玩这个游戏的。

测试的方法有很多。一次性测试（Kleenex test）是其中一种。在这种测试方法中，一个受试者只能使用一次，用完这次就不再用了，就像面巾纸那样。这种测试帮助我们验证那些需要让玩家理解的概念和机制，了解游戏给玩家的感觉，等等。受试者是一次性的，因为一旦他们已经学会了如何操作游戏，他们作为受试者的价值就不存在了。这种测试的目的就是检验玩家第一次看到游戏（或其中某些部分）时的反应，以及这个游戏是否很好地向玩家传达了现在正发生什么以及如何继续。

另一种是黑盒测试（*black box testing*）。在这种测试中，受试者对游戏被设定的运作方式完全没有概念，他们只是拿到游戏，开始玩，看看它是如何进行的。这种方法不光能帮助我们发现系统中的漏洞，也向我们展示了玩家事实上是怎样去玩这个游戏的，而这常常与开发者的原本意图并不一样。黑盒测试应该被及早安排，以排除游戏制作过程中的种种假设。到了游戏制作的后期阶段黑盒测试应该持续进行，以确保每一次改动都符合玩家实际的行为形态。

另外一种非常重要的测试方法叫白盒测试（white box testing）。在白盒测试中，受试者对游戏中某些特定情形下应该发生什么有一些了解，并且可以根据测试脚本来确定游戏是按照开发者的意图来进行的。大部分的漏洞和问题都是利用这种测试被发现的。当这些问题被解决之后，应该重新进行测试（回归测试，regression testing）来确保修复漏洞的过程没有影响到其他地方。

尽管从严格意义上来讲算不上游戏测试，负载测试（load tesing）是在线游戏和多人游戏用到的另一种测试形式。在这种测试中，一定数量的测试人员同时进入游戏，目的是确保代码和服务器能支撑大量数据包的同时加载和处理。最终，这个测试是通过自动模拟成千上万的玩家来完成的。

最后，在严格的质量把关（quality assurance，具体来说就是找漏洞）之外，我们做游戏测试的最大原因就是确保游戏体验是有趣的。一次性测试和黑盒测试都能帮助我们做到这一点，它们都是创作出好游戏的关键。如果受试者觉得游戏不好玩，玩家也不会觉得好玩。

原理 53 解决问题的障碍

游戏可以被看作是一系列玩家需要去解决的复杂问题。有趣的是，这听起来像是一个数学问题，而这通常是没有乐趣而且过于复杂的。那么，游戏是如何让这些问题对玩家而言是有趣的呢？玩家又为何一遍又一遍地试着去解决它们呢？

认知心理学研究人们如何获取和处理知识（也就是人们如何思考）以及存储信息（也就是人们如何记住事情）。它也涉及到人们如何感知事物，如何学习。

当玩家在游戏中必须做出决定的时候，有些事情就发生了。玩家沉浸在游戏中，把自己当成主人公，控制故事的发展，根据手头的问题做出决定，根据周围的事物以及和问题相关的因素得出结论。这样的过程在游戏中几乎不间断地发生着——玩家问自己：“我是跳过这个东西，落在这个东西的顶部，用枪打它，对它说话，杀了它，加它为好友，给它点什么，解锁它，锁上它，打它，升级它，建造它，摧毁它，召唤它，放火，还是只是保存游戏呢？”

大部分需要解决的问题都很简单并且能够很容易地被搞定，但时不时的总会有一些问题玩家解决不了。这些解决不了的问题可以导致：设计师在此处添加提示；玩家向自己的朋友寻求帮助；玩家跳过游戏的这一部分；玩家永远不再玩这个游戏了。无法解决的问题通常是由以下 4 类原因导致的。

■ 功能固着（functional fixedness）

玩家在尝试了好几次之后理解了如何解决一个问题，但当这个问题经过一些小调整后他们就不知道该如何解决了。这就好比玩家理解了一个方程式，但不理解其中出现的一个新变量。一个很好的例子就是玩家理解他可以随时用任何武器打破一个棕色的箱子来得到里面的东西，但碰到一个蓝色的箱子时他就不知道该做什么了。是打破它？还是用枪射它？站到它上面？带走它？还是把它炸掉？这是一个箱子，玩家知道如何处理箱子，但是这一个颜色不一样，这意味着什么呢？玩家为了搞清楚这一点，必须改变他们的思维方式。

■ 无关信息

玩游戏时，玩家必须认识到哪些信息是跟手边的问题相关的，然后忽略掉其他无关的。如果玩家双手都拿着手枪，并且游戏不允许他们换武器，那他们为什么要去捡刀或者火箭而不去捡子弹和弹药箱呢？在游戏设计中，为了保证玩家的沉浸感游戏必须有尽可能多的细节，但有些游戏提供了过多的细节以至于玩家陷在其中。游戏需要提供恰到好处的信息量让玩家在保持沉浸感的同时又不至于被无关信息干扰。

■ 假设

每个人都听过“你不应该假设任何事情”，这在游戏设计中也是真理。在玩游戏时，玩家可能会因为他们认为目标太远而不去起跳，尤其是在一旦失败了他们将要从头开始的情况下。一些设计师可能会假设所有人都会去试着跳跃，或所有人都不会去试着跳跃，然后直接把这个跳跃的设计完全改掉。不管是哪种假设，这都是设计师缺乏判断力的表现。不应该让玩家因为错误的信息而停止游戏，而设计师在测试之前也不应该假设一个设计是不好的。由于游戏在这个位置变难了，一些设计师会在这里给玩家提供一个保存进度的机会，这将导致少一些的假设和多一些的死亡——也就是说，当玩家能在起跳前存储游戏进度，他们会先跳了再说，这样即使搞砸了他们也可以从起跳前的进度重新开始。作为一个设计师，我们应该考虑在游戏中起跳位置的周边区域提醒玩家这个跳跃的距离有些远，或者告诉他们这个跳跃是安全的。设计师可以通过视觉上的线索、声音效果或背景音乐来做出提示，或者在这里引入一个墙上跳跃或爬墙的能力，或者采用各种其他的方法。

■　心理定势

"心理定势"（mental set）是指有能力从以往经验中学习，并且具有常识的状态，而不是仅仅具有"书本智慧"，或是只懂得通过一种途径来做事。游戏玩家通常都长于此道并且会在游戏中赌一把，但有些时候他们是需要帮助的。一个非常简单的例子，玩家在玩像《魂斗罗》（Contra）这样一个横向卷轴的跑动射击游戏时，在按过所有的按键之后玩家就会知道怎么跑动、怎么射击敌人，然而在游戏中有一些障碍需要玩家一边跳一边射击，或者一边跑一边用特殊角度射击。在有些部分，游戏的角度甚至从一个 2D 的横向卷轴平台跳跃游戏直接变成了 3D 第三人称射击游戏。一些玩家学会了第一套游戏机制之后很难切换到第二套。尽管第一套游戏机制中的经验已经教会用户向下的按键就是卧倒，这个按键是射击，那个按键是跳跃，左右按键依然是向左向右。这其中唯一改变的是美术，但这已经足够让很多玩家跟不上了。

假设是解决问题的一种常见障碍。不正确的假设会让一个问题看起来不可解，而实际上它只是一个跟最初假设完全不同的问题。

原理 54　原型

不管是个人还是公司开发的产品，由一个想法开始，通常都要经历纸上草图的阶段（参见原理 50"纸上原型"），然后在多次"迭代"（参见原理 45"迭代"）后形成优雅的设计。一个完整的产品开发流水线还包括测试、市场、广告、量产，然后分发到市场（参见原理 52"游戏测试"）。游戏也是一样。

在设计的任何一个阶段——从想法的产生一直到游戏发行到玩家手中，测试（testing）和原型（prototyping）都是非常有价值的工具。在社交游戏或是 MMO 中，即使当玩家已经开始玩它们了，原型也依然是重要的。

原型开发是指为测试或迭代一个想法而创建一个有代表性的模型的过程。它在将一个想法完全开发出来之前，为检查一个新设计的可行性和可信度，以及它的可用性、独特性、市场需求情况，和未知因素提供了机会，这就降低了开发的风险。一些独立的机制和功能在被加入游戏之前也可以单独被做成原型。不过大多数情况下，原型越接近完整的功能，它在这方面就越有用。

在原型测试中得到的数据可以被分成很多类别，比如需要去除的、需要添加的、现有设计中的问题、测试中得到的新想法、新功能点、现有问题的可能的解决方案、可能的产品设计改进等。

原型有很多种呈现形式。比如在电影和动画产业，一个电影的原型就是故事板（storyboarding），而故事板在游戏中也是非常有用的。故事板是一种在纸上用视觉的方式讲故事的过程。

正如上面提到的，原型的另一种形式是"纸上原型"（参见原理 50"纸上原型"）。而有些时候在原型阶段只使用基本的中间件（middleware）来实现游戏的核心功能点，尽管最终的产品用了专有软件（proprietary software）来规划。如果是一个有物理实体存在的游戏，廉价的 3D 打印经常被应用在原型制作上。

在游戏设计中，有几个部分需要用到原型制作。原型制作的第一个阶段是创建基本的游戏等级或者区域，以便测试游戏机制。这是为了检验这个想法是否有趣并且可实现（基于想要使用的平台和现有的技术），甚至是否值得投入更多的资源。它也许包含等级设计的元素、人物、武器、基本的编程实现，以及在这个想法的核心游戏体验中需要的一些其他元素。

有些大公司可能会有专门的团队负责原型制作或游戏测试。在规模较小的公司，通常负责制作原型的和最终开发产品的是同一个团队。关于原型制作是否应该从整个最终的游戏开发过程中抽离出来，或者原型是否应该作为最终成型的游戏的第一次迭代，它们有着不同的处理哲学。

无论如何，原型制作的关键是着手去制作它。当时间紧迫时，大家总想跳过早期的阶段，直接跳入最终的游戏开发。然而，原型通常能帮助缩短开发的时间和花费，因为它能在代码库变得庞大和笨重之前发现和解决很多问题（参见原理 51 "三选二：快速，便宜，优质"）。

原型甚至可以被作为一个游戏协作开发形式（game-jam style）中头脑风暴的工具。开始制作一些真实的东西，而不是仅仅使用写在纸上的词语，能给一个项目注入活力，使其超越"雾件"（vaporware）阶段。

原理 55 风险评估

风险评估（Rist Assessment）是一个游戏设计中用不可知因素来考验玩家选择的基本原理。从基础心理学层面，人类会规避风险。人们寻求避免不确定的情况，特别是当他们不能确定为这个有风险的行为投入精力能给他们带来什么利益的情况下。因此，风险评估帮助人们判断哪一种选择在导致最小的失败或者伤害的风险的前提下能带来最大的利益。我们可以把它看成一种成本效益分析（cost-benefit analysis）（参见原理 16 "'极小极大'和 '极大极小'"，原理 95 "满意与优化"以及原理 75 "最小 / 最大化"）。

好的游戏设计让玩家频繁进入风险评估的状态。如果风险评估促使玩家去做选择，这就成了一种利益最大化或风险最小化的练习。而且，当玩家做出正确的选择时他们通常会收到令人满意的奖励，通常是能够得到什么，或至少防止了损失（参见原理 73 "损失规避"）。引人入胜的设计通过经常迫使玩家做决定来把风险评估直接融入到游戏过程和实时交互中。这样玩家在游戏中几乎随时都参与到风险评估的行为中，不管他们自己是否意识到了这一思维过程。

一个普遍的例子是，很多横向卷轴超级火力游戏（sidescrolling shoot'em-ups）会给玩家提供一个炸弹，或其他强大的武器，能够一下炸死整屏的敌人。当游戏进行到激烈时刻时，这是一个保证活下去的非常有价值的武器。但把它留给即将到来的下一个 boss 是不是更有价值呢？玩家必须决定是要在当前这个紧急情况下使用这个有利条件，还是留到之后。这样的情形就是一个非常恼人的风险评估的例子，它有助于提升游戏的悬念。

由于炸弹和强大的武器通常数量非常有限，严格分配给某些稀缺的时刻（参见原理 56 "供需关系"），玩家在决定如何使用它们的问题上通常抱着不愿放手的风险评估的态度。有时玩家会在完全不使用这些强大武器的情况下完成游戏。在游戏过程中，他们认为没有了这些炸弹或强大武器的风险大于使用它们带来的好处。这是一个风险评估导致的囤积行为，它突出表明了心理学在游戏设计中的作用。

杰西·谢尔（Jesse Schell）在其著作《游戏设计的艺术》（*The Art of Game Design：A Book of Lenses*）中谈到了"三角形式"（triangularity）的风险评估。三角形式意味着根据挑战的难度为玩家提供带来不同的风险和回报的路径。这样的设计至少提供两种选择：一种是低风险的，或者挑战难度相对较小，同时回报也较小；另一种风险较高，或者挑战难度相对更大，但有更大的回报。设计师可以通过视觉指示让这个三角形式清晰易见，比如路标或者烘托气氛的效果，也可以使其隐蔽，这样玩家必须通过尝试和犯错来意识到它。

让我们用一个更视觉化的方式来表述这样的三角形式。想象玩家站在一条路的岔口，一条路是低风险低回报的，另一条是高风险高回报的。玩家可以自由选择，从他们的位置来看他们有两个选择，这两个选择都会让他们走完差不多的进度，将他们带入游戏的下一个阶段。

设计师在设计风险评估的场景时需要面临一些值得注意的问题。玩家获得的奖励必须是有意义的，并且不能与他们的期望相去太远。如果这个奖励的规则（参见原理 56 "供需关系" 和原理 79 "可变奖励"）过于不可预测，或是与玩家通过游戏体验和风险评估认定的价值不相符合，玩家会觉得非常受挫。即使这个奖励对玩家有非常大的价值也是如此。

除了在游戏基础机制设计中的应用，风险评估也适用于游戏开发的实践。正如玩家需要给呈现在他们面前的风险分配价值，开发者们也需要权衡游戏开发中的风险。风险评估是一个周期性的过程，在这个过程中需要考虑到游戏的热度，作为衡量项目的健康状况和突出的威胁、以及指导迭代的依据。

通常游戏开发者们根据他们所使用的开发方法来决定实施风险评估的节奏。例如，在传统的瀑布式软件开发过程中，里程碑（milestones）和截止期限（deadlines）通常是回顾整个开发过程和实施风险评估的好时机。在敏捷开发流程中，风险评估通常是在 sprint 规划会上进行。风险评估的工作可以由个人来承担，但由团队来承担通常更有利，因为有一个强有力的组织结构来支持严谨深入的讨论。

游戏之所以对人们有吸引力，能够在相对安全的环境下实施风险评估正是其中的原因之一。在视频游戏中飙车比在现实中飙车风险要小得多，但你可以从中得到几乎类似的乐趣。

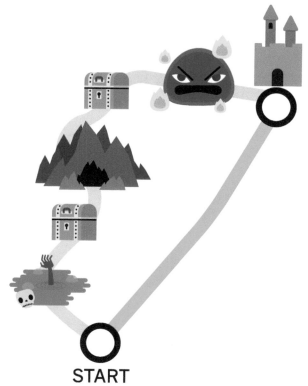

START

三角形式描述的是给玩家提供两条能够升级的路径，一条是低风险低回报的，而另一条是高风险高回报的。

原理 56 供需关系

供需关系是经济学的一个核心组成部分，但是它经常出现在游戏里，并且不仅仅是在 MMO 的拍卖中。供需关系的波动还体现在获得稀有物品，个性化头像的需求，以及优势种族和玩法之间的相互关系。

要理解供需关系的基础，想想百货商店的年终促销季。平常的状况下，商店以 1.25 美元的价格销售南瓜罐头而且总是保证货架是满的。而当年终促销活动开始时，商店知道这个季节性食物的需求会上升，所以他们知道他们需要增加库存量并且在这个时候卖出去尽可能多的商品。

所以他们没有像平常一样在较低的货架上摆上 6 罐，而是用 200 个罐头做成一个漂亮的陈列摆在显眼的位置来获取消费者的注意。这个时候销售的商品跟平常日子里是完全一样的，但是由于季节带来的需求的上升意味着它们将获得好的陈列位置和增加陈列的数量。超市甚至需要不断从仓库补货。如果像平常一样只摆出来 6 罐，可能很快就会被抢购一空。

想想两个厨师抢购最后一个南瓜罐头时有多愿意多付钱？他们愿意付出远远多于 1.25 美元的价钱。当供应短缺而需求增长的时候，价格可以出现戏剧性的上升。

然而，这个平衡通常是波动的。假期会结束，而在假期结束后的一段时间内，商店即使把南瓜罐头的价格降得再低，可能也没有办法卖出一罐给任何人。因为大家都对它感到厌倦了，它是跟假期联系在一起的，而假期已经过去了。大量的供应和少量的需求可以让价格暴跌。

当我们制作的是游戏而不是南瓜派时，这个规律同样成立。我们来看看流行的游戏《万智牌》（*Magic：the Gathering*）。在这个游戏中，玩家收集有不同价值和技能的卡牌。有一些卡牌比其他卡牌有更高的价值，而跟那些珍稀的卡牌相比有一些卡牌很容易收集到。这些珍稀的卡牌需求量更大，却更难找到。当一张卡牌非常有用而供应量又有限的时候，意味着这张卡牌的拥有者可以开出更高的价钱来卖掉它。

设计游戏时，非常重要的一项工作就是仔细规划游戏中道具的供需关系，而这涵盖了一个广泛的范畴。某些物品／武器／法术／宠物应该非常容易得到，尽管它们对游戏是非常必要的，但价值不大。有一些道具则应该更难得到，相对更值钱且更有用。这些道具的数量应该比前者少，但是也不至于太难获取。最后是一些数量很少的道具。这些珍稀道具应该很难得到并且非常值钱。这样不同层次的供需关系模拟了一个自由市场，对玩家来说感觉也很自然。但是请记住，游戏中的经济体系都需要通过游戏测试和实验来验证并找到最佳平衡（参见原理 64 "平衡和调试"）。

当供需关系被调整得恰到好处的时候，游戏会处在一个稳定的平衡状态，让人觉得身临其境、富于挑战而又引人入胜。如果供给和需求中的任何一方失去控制，玩家通常会觉得受挫并退出。

由于这些概念的复杂性，经济学家们对其投入了大量精力来进行研究和建立理论。从价格弹性到购买力和市场平衡，其内容的复杂性远超过我们这里所能讨论的供需关系。

万智牌是一个利用供需关系来加强游戏的参与感和乐趣的游戏。

原理 57   协同效应

协同效应是指当两个或两个以上的元素相结合，产生新的比现有的任何一个元素所具备的都更强大的效果。人们常常这样总结：一加一大于二。

当应用到游戏开发中，协同效应是指许多独立的东西产生的结果合到一起，从而产生一些大于它们本身能提供的结果的可能性（参见原理 35 "委员会设计"）。

当游戏的机制、美术和技术结合到一起，形成一个有整体的、更大的体验时，玩家会体验到协同效应。整个游戏由于所有这些东西的结合而变得更有趣。协同效应能提高效率和生产率。

在游戏中发现协同效应

为了了解游戏中的协同效应是如何产生的，我们可以参考厨师发明一道新菜的过程。厨师根据他们对各种烹饪原料的了解，将它们实验性地混合在一起，成功的尝试往往会形成可以重复使用的菜谱配方。

在游戏里，玩家也会创造自己的"配方"，或是通过一些游戏机制和系统的组合，把一些"原料"加入到现有的"配方"中去。这样，通过控制游戏中现有的东西产生出了新的物品或小窍门，协同效应就产生了。协同效应的发现让玩家逐步感受到自己对环境的掌控。这反过来鼓励他们进一步去试验和发现，寻求完全的掌控感带来的快乐。

游戏机制的组合

游戏中最显而易见的激发协同效应的方式就是允许玩家通过巧妙地组合游戏机制去发现新的技巧。比如，一个着重在近身搏斗的游戏可以允许玩家以不同方式排列组合轻击和重击来创造新的、更强大的技巧组合。如连按两次轻击加一次重击可以组合成一个具有强大毁灭性、比这三个单独招式加起来更厉害的大招。

游戏机制的协同效应也有可能在玩家使用"超游戏思维"（参见原理 47 "超游戏思维"）时产生。在一些多人游戏中，比如托尼霍克滑板游戏系列（Tony Hawk franchise），游戏本身并没有像《越野山峰》（*King of the Hills*）那样支持多人游戏的机制或障碍赛的机制，但享受特定虚拟情境的玩家通常会发掘一些新的协同效应让他们能和其他玩家一起这样玩儿。他们将游戏的世界更多地当成一个工具让他们来探索设计师们没有注意到的协同效应。值得注意的是，玩家之所以这么做，是因为他们喜欢游戏的体验，希望扩展并继续它，而不是他们故意要破坏游戏规则，或者非要以"错误"的方式来玩它。

锻造（crafting）系统

另外一种能让玩家感到惊喜和兴奋的协同效应是游戏里的锻造系统。尽管锻造系统在不同游戏中各不相同，但其核心要点是将找到的或买来的物品混合在一起，来生成新的、更具价值或用处的物品。一个简单的例子是早期的《生化危机》（*Resident Evil*），其中我们可以把不同的草药锻造更强大的具有特殊效果的植物。而在《我的世界》（*Minecraft*）、《欢乐农场》（*Farmville*）和更多的 MMO 中我们可以看到更多更复杂的例子。

创建一个锻造系统的第一步是罗列出每一个物品的组合方式。接下来需要把每一个物品拆分成尽可能多的零件来增加可用组合的数量。然后，弄清楚每一个组合都是怎样锻造的。让玩家感觉是他们自己发现所有可能组合的这一点非常重要，所以那些明显的组合在游戏的初始阶段应该大量出现。

如果某些组合不能打造出独特的物品也可以，但是一个锻造系统最好让所有的逻辑上说得通的组合都有效（参见原理 58 "主题"）。除了锻造本身，锻造系统另外一个非常重要的点是锻造的动作能让玩家除了得到新物品之外还能得到其他一些好处。比如前面提到的《生化危机》（*Resident Evil*）中，玩家可以携带的物品是有限的，而锻造的动作会减少玩家手中的物品数量，这也就间接地帮助了玩家释放他们的背包的空间。

协同效应是一个魔法，出现在一个整体比它的组成部分单纯求和要强大的时候。

原理 58　主题

　　"主题"是一个有些微妙的概念，人们常常将其与一些类似的概念相混淆，比如主旨和体裁。这一定程度上是因为它们描述的都是风格上的定义并且会相互影响。然而无论重点在机制、叙事还是美术，主题都是游戏设计的过程中非常重要的一部分。

　　这是因为，主题是你的设计所要传达的中心思想。它是一个大的概念，驱动你所做的所有工作。它是为你的设计增添主旨的部分，让人们能看到游戏在提供娱乐和让他们学到技能之外的价值的一部分。它同时也可以作为一个有用的工具来帮助指导你的整个设计流程。

　　在设计过程中时刻考虑到主题，我们的每一个决定就都有了一个明确的指引。当设计师要给游戏加入一个功能时，首先需要考虑的是它对游戏的主题是不是有意义。一个新功能很有可能会传达与设计师想要表达的大概念相反的情绪或信息，从而破坏游戏的主题。一个新功能，或者是某个功能的某些特定部分，也有可能帮助呼应或强化游戏的主题。主题可以帮助确定一个潜在的功能对这个特定的游戏来说是一个好主意，但它仅仅是一个宽泛意义上的"好主意"。

　　一个有效的主题需要尽可能的明确，有目标性。比如，"战争"就是一个过于宽泛的主题。这个游戏是要描述战争的可怕，还是表达战士的荣耀呢？这两个不同的主题有一些非常重要的差异，决定了其在设计实现上的重大不同。

　　一个描述战争的可怕性的游戏要强调的是平民的伤亡，创伤后遗症的煎熬，以及其他战争带来的消极的体验。一个表达战士的荣耀的游戏则要侧重于英雄主义的行为，无私的奉献，爱国主义，以及成就。

　　如果把这些主题的相关元素混合在一起，后果是不堪设想的。例如，如果给描述战争的可怕性的游戏配上表达战士荣耀的配乐——热烈，向上，充满爱国情怀，其结果就是让人觉得你在赞美这个恐怖而悲伤的场景。这不仅未能展现战争的可怕，还可能会让玩家感到困惑甚至激怒他们。

　　要找到合适的设计主题，你应该关注你想让你的玩家从游戏中得到什么样的感觉或想法。如果他们在玩这个游戏的时候不得不尝试着去描述他们经历的到底是什么，那会怎么样呢？一种在游戏过程中会始终伴随着玩家的感觉或想法是确定一个主题的关键。去考虑玩家在他们所在的场景下应该感受到什么，在他们见证或引发一个事件的时候他们最先想到的是什么，将这些用语言描述出来，就是你的游戏主题。

　　需要注意的是，主题是独立于游戏体裁、设定，或一些约定俗成的观念（参见原理42"游戏中的'约定俗成'"）的。要表现"与好朋友在一起什么都有可能"这样的主题，游戏可以发生在亚瑟王的宫殿，在现代战场，也可以在外太空。要表现"牺牲一个人的生命去维护更伟大的和平"这样的主题，游戏可以发生在古代中国，神话中的奥林匹斯山，也可以在一个现代的高中。一个有血有肉的主题能够让设计有足够的灵活性去适应新的想法，同时足够坚实来作为判断一个元素是否适合的标准。

　　主题关系到游戏的叙事，特别是游戏主角的故事框架（该角色身上从游戏开始到结束所发生的改变）通常是最能清晰表达主题的。通常，一个故事的主角学到了或经历了什么，也就是玩家所会学到和去思考的。主角学会了不再那么自私的故事也是在向玩家传达无私的美德。主角学会自力更生的故事也是在向玩家表达依赖别人的危害性。

　　一个强有力的主题是好设计的基础。它将在整个创作过程中发挥指导作用，并给玩家带来超越游戏乐趣的意义和价值。

主题：爱战胜一切

尽管这个主题似乎最适合 18 世纪 50 年代的社会场景，但是将之放在现代的战争场景中也是可能的——甚至是更有趣和让人意想不到的。这个想法看起来更深刻和新鲜。

主题：勇气是最宝贵的美德

这个主题好像是为现代战场量身定制的，但是如果把它放在 18 世纪 50 年代的社会场景中，我们将会对这个想法有全新的认识，而不是觉得它无聊和老套。

原理 59   时间和金钱

想象一下这样两个玩家：

玩家一：Abe 是一个天天嚼泡面的穷大学生。他每周只上 3 天课，所以其他日子里他基本上靠网络游戏看来打发时间。

玩家二：Zack 是一个西服革履、精力充沛的公司高层。他非常喜欢玩游戏，但是发现很难把游戏排入到自己的日程中。

Abe 有充足的时间却没有钱；Zack 有足够的钱却没有时间。这两个玩家都享受游戏并希望从中得到乐趣，但是他们拥有的能花在这上面的资源是不一样的。事实上，在 Abe 和 Zack 这两种极端情形之间有一个完整的玩家类型集合。有一些人拥有着适中的时间和金钱并且愿意花在游戏上。

如果一个游戏前期需要投入的金钱成本很高，那么所有像 Abe 那样的玩家都会离开，因为他们没有足够的钱。如果一个游戏前期需要投入的时间成本很高（玩家在得到游戏中好的内容之前需要投入的时间），那么所有 Zack 那样的玩家就会离开。

但是，如果游戏允许玩家用金钱来交换时间和需要通过时间才能取得进展，让这两种类型的玩家离开的障碍就都消失了。如果 Abe 能免费参与这个游戏并得到好的内容，如果 Zack 能通过付钱快速得到好的内容（游戏提供可用真实货币购买的道具或进度），那么这两种类型的玩家以及所有处在中间位置的玩家都能得到满足。

如果玩家既没有时间也没有钱怎么办呢？Riot Games 公司在他们的《英雄联盟》（*League of Legends*）游戏中提供了一个解决方案。由于该游戏非常社交化的本质，他们允许玩家为其他玩家购买礼品卡。这就让有钱的玩家可以在游戏中给那些既没有时间又没有钱的玩家礼物，让他们在游戏中得到发展。现在许多其他游戏允许通过游戏中的行动或者购买行为来赠送一些有用的道具。

当然，将游戏中的经济系统与真实世界的货币系统以任何方式捆绑在一起这件事，带来了在公共政策和立法中还未被完全考虑清楚的无数并发症和问题。比如，什么时候《星战前夜》（*EVE Online*）中的 ISK（Interstellar Kredit，《星战前夜》中的货币）的汇率会变得跟现实生活中欧元的汇率同等重要呢？接下来，什么时候游戏会有资格作为一个银行，并有着完善的各种规章制度呢？

现在法院已经出现了一些案件，人们控告对方偷窃只在游戏中存在的物品像家具、道具、珠宝等。所以，尽管这种在一个在线的、持久的世界中发生的时间和金钱的交易对游戏设计师来说是一个令人兴奋的边界，它也增加了管理游戏在现实一面的复杂度。

原理 60　以用户为中心的设计

总的来说，"以用户为中心的设计"（user-centered design，UCD）是一个用户界面设计中的概念，指的是在整个设计产出的过程中都贯穿着对用户的需求、限制和期望的考量。这种设计方法要求在设计过程中广泛应用可用性测试，在早期就要去理解用户的行动并预测他们的行为。设计师需要分析和预测用户将如何使用一个产品，然后在实际用户中测试来验证这个预测。这个实际用户测试非常重要，因为对设计师来说预测一个软件首次使用的用户体验以及每一位用户的学习曲线是非常不容易的。

一个设计师很容易误认为用户的需求和期望已经被直观地认识并理解。将 UCD 与其他设计方法区分开来的一个主要因素就是要真正花精力去研究和捕捉用户对这个产品的功能会有什么样的需求和期待，而不是让用户去适应设计师的期望。

国际标准化组织（International Organization for Standardization，ISO）定义了 UCD 的 6 个核心要素。以用户为中心的设计建立在对用户、任务和环境清楚了解的基础上。

- 首先，用户参与整个产品的设计和研发过程。
- 其次，用以用户为中心的评估来驱动设计并细化设计。这是一个迭代的过程。
- 设计满足完整的用户体验。对于用户、任务和环境的理解是清楚明确的并且在设计中予以了考虑。
- 最后，设计团队必须有多学科的技能和观点。

在以用户为中心的设计中有很多需要回答的问题。用户是谁？是中年家庭妇女还是 25 岁的男性发烧友？用户试图完成什么样的任务和目标？这些任务和目标清楚吗？用户的经验水平如何？他们的经验水平相对于这个新游戏而言如何？此外，如果这是一个全新的游戏，其学习曲线必然是陡峭的，我们必须把这一点也考虑在内。

更进一步的问题包括：玩家需要哪些功能，他们将如何访问这些功能？要玩这个游戏玩家需要什么信息，需要以什么形式得到这些信息？玩家玩这个游戏的极端环境会是什么样的？（如果是一个手机游戏，这将很难回答，因为玩家几乎可以在任何地方玩这个游戏。）玩家是在做别的事情的时候同时玩这个游戏，还是专心地玩这个游戏？游戏的输入方式是什么？是说话、手势、触摸，还是方向？需要再次强调的是，为像 iPad 这样的移动设备设计的游戏，与专为 PC 设计的游戏是非常不一样的。

设计师必须考虑设计对玩家而言的可见性、可识别性、易达性，以及游戏中使用的语言。设计师还必须弄明白"谁"是最终的用户。这个"谁"包括年龄、性别、种族、地理环境、教育程度等。游戏的目的是什么？游戏的文化和背景设定是什么？这些如何与用户产生关联？

在 UCD 中设计师有很多可用的工具。其中 3 个主要工具分别是"人物角色"（persona），"场景"（scenarios）和"用例"（use cases）。人物角色是玩家在真实世界中的形象，是一个虚构的身份。场景是对于人物角色的设定，是当玩家玩游戏时他身边的世界看起来是什么样子。最后，用例是对玩家，或者说这个人物角色可能的行动和结果的分解。

要回答以上所有的问题可能会非常消耗时间和金钱，这是为什么在游戏设计中 UCD 经常被忽视。然而，在游戏中越多地运用 UCD 的方法，游戏将被设计得越好，也越容易成功。

原理 61　路径指示

"路径寻找"（wayfinding）是一个人定位自己的位置与世界之间的关系，以及从当前位置转移到期望的目的地的过程。人类本能地通过"空间感知"（spatial awareness）（参见原理 97 "空间感知"）、上下文线索（context clues）、地标、结构良好的路径（参见原理 81 "功能可见性暗示"）和光来寻找路径。这些线索在并没有提供像发光的指示箭头那么明显的东西的情况下，将方向传达给玩家。成功的路径指示机制让用户觉得他们征服了这个世界。

说明这一原理的一个方法是看看路径指示做得最差的情况，也就是它被用作一个环境谜题的情况。在 1976 年的文字冒险游戏《洞穴深处的冒险》（*Colossal Cave Adventure*）中，玩家最终会发现洞穴的一个部分，游戏对它的描述是"你在一个全是曲折小径的迷宫中。"

玩家的每一步移动，不管朝向哪个方向，得到的回复都是一模一样的："你在一个全是曲折小径的迷宫中。"

玩家用常规的定位和规划方法没有办法从这个迷宫中走出去。人脑能够感知的路径指示系统被破坏了。这里没有路标，没有功能可见性暗示——什么都没有。

这个经典谜题的解决方法是，玩家在任意一个房间扔下一样东西——这就相当于建立了他们自己的地标。（这对游戏"主题"（参见原理 58 "主题"）的表达是有额外的意义的，因为走出一个迷宫的经典方法就是撒面包屑。）这时对这个房间的描述就变成了这样："你在一个全是曲折小径的迷宫中。这里有一个手套。"

于是玩家继续移动到一个相邻的毫无特征的房间然后扔下另一样东西。当他们持续这样做下去，最终他们会回到一个放有他们之前扔下的一样东西——一个熟悉的地标——的房间。现在这个房间就有了特殊的标识，玩家可以利用它来定位并解决整个洞穴谜题。

除非迷宫这样的环境谜题是这个游戏的唯一目的，游戏应该提供清晰的路径指示，这样玩家可以关注他们应该关注的内容（参见原理 63 "注意与感知"），而不是将时间浪费在寻找方向上。

游戏中设计好的路径指示的基本方法有如下几种。

■　地标

地标（Landmarks）可以是游戏世界中任何具有独特外观的建筑或地质特征。当地标跟决策节点联系在一起时，它在路径指示中的作用就尤为明显。也就是说，它们作为一个决策节点，同时也作为一个固定的对象让人能够用以确定自己在游戏空间中的地理位置。地标的存在为玩家在游戏中移动的决策注入信心。为了保证地标的价值，我们要保证地标的数量不要过多并且能为游戏世界中更大的目标服务，因为太多地标会让导航变得混乱。

■　标志性建筑

从外观上看，标志性建筑（Weenies）是那些能让人眼前一亮的建筑或地质性的地标。它们通常比较大，它们的存在定义了土地的范围或区域。这些特殊的地标能够吸引玩家的注意，让游戏中的地点给人深刻的印象。从游戏机制的角度，它们作为一个参考点，让玩家可以由此找到游戏世界中的方位。标志性建筑的动态激发起玩家的兴趣，吸引他们走近以满足他们对下一步的行动和游戏接下来的故事线的好奇。你可以把它想象成拿着一根热狗来引诱小狗。玩家无法将他们的视线从标志性建筑上移开并且会做任何事来靠近它。

■ "产道"

从外观上看，"产道"（Birth Canals）是一个线性的、幽闭的空间，它首先是漏斗形的，然后收缩，最后将玩家释放到一个空旷的空间（参见原理 97 "空间感知"）。"产道"的机制从空间上直接把玩家带到需要的地方，清楚地勾画出游戏的区域。它可以被视为安全带，也可以被视为作战区。"产道"的动态给玩家带来紧张感和期待感，通常最终会让玩家感觉到放松或是产生敬畏。

■ 结构良好的路径

结构良好的路径（Well-Structured Paths）是一个以美观的方式，从任意方向都能传达清晰的起点、路线以及终点的导航路线。路径可以通过场景中实体的空间（比如一条铺好的路）或是负空间（森林中被清理出的一条道路）来定义。一个结构良好的路径作为一种机制来引导玩家在游戏空间中移动。结构良好的路径的动态让玩家在游戏世界和故事线中对自己的进程有感知。

■ 光

光是一种将游戏的气氛和意境传达给玩家的方法。光可以传达感受、情绪、温度、方向，以及带来意义。温暖的黄色的光是安慰人心的，冰冷的蓝色的光则令人生畏。在路径寻找的过程中，光的存在带来类似飞蛾扑火的效果。玩家本能地寻找最亮的区域，于是这些区域就自然成了他们应该去的方向。这种关系让设计师们能够创造一些非结构化的路径却也能指引玩家向前。

最好的路径指示：一条清晰的路径，有独特的地标作为检查点，以及一个动态的标志性建筑。

第 3 篇

游戏平衡的一般原理

原理 62　成瘾途径

很少有游戏的推荐不会写到该游戏有多么让人上瘾。事实上，我们对于开发出让人上瘾的游戏很骄傲。毫无疑问，我们也把我们的玩家看作用户，并努力使他们对我们的游戏上瘾。那么，我们怎样让游戏如此吸引人，以至于让人上瘾呢？我们利用"成瘾途径"（addition pathway）。

人类就和其他有机体一样，热衷于能给他们带来奖励的行为。愉悦感为他们的这些行为提供正增强效应，所以他们会重复这些让他们愉悦的行为。人类为获得愉悦感而展现出来的行为通常与他们生存的需求息息相关。这些行为刺激大脑中上瘾的传导途径（参见原理 49 "吸引注意力的方法"），因为这些行为会被大脑认为是奖励。奖励有自然的也有人工的。

自然奖励包括玩家从学习新行为和克服游戏带来的挑战所得到的多巴胺的释放（参见原理 10 "科斯特的游戏理论"）。人工奖励包括掉落的战利品和游戏提供的其他"物质的"奖励，如升级、徽章、成就等（参见原理 79 "可变奖励"）。

人们对这些成瘾途径的了解首先是来自对老鼠的研究。研究人员用电刺激它们的大脑以激活多巴胺反应，然后训练老鼠们反复按压杠杆来刺激这个反应。在这个过程中老鼠会对这种刺激上瘾，无法停止这种行为以致最终饿死（参见原理 24 "斯金纳箱"）。

当成瘾现象发生时，主体无法节制地进行这种行为，就像上述实验中的老鼠宁愿让自己饿死也不愿意让多巴胺的释放停下来。那么一个有足够吸引力的游戏让玩家上瘾又有什么好奇怪的呢？

设计师可以利用很多种方式来消除这些成瘾的行为。一种是用有限的能量来限制玩家一次能够在游戏中花费的时间，除非他们用真正的钱来补充能量。另一种在 MMO 中常被用到的方式是随着玩家在游戏中停留的时间减少他获得的奖励。

人们常说能力越大责任越大。当设计一个游戏时，利用成瘾途径以及多巴胺的强大力量，但同时也要利用一些机制来时常打断多巴胺反应，给玩家在不断按压杠杆的行为之间获得休息的时间。对你设计的游戏负起社会责任，并且用心做好它，玩家会领情的。

原理 63 注意与感知

我们在感知很多事情的时候并不需要集中所有注意力。感知（perception）是一个我们解读、识别、组织从而理解我们的感官从周围环境中获得信息的过程。这个过程包括对神经系统中感觉器官的刺激，以及大脑对这些信息的解读。这可能包括光线对视网膜产生刺激、皮肤接触到某件物品、气味、味道或声音。感知在很大程度上是被动的。人们无法选择解除感觉器官对信息的接收，但是，他们可以选择不去注意它。

注意（attention）不同于感知，它是更加具有选择性的。人们主动选择要注意哪些信息的输入，主动选择要忽略哪些信息的输入。这种选择性接受或忽略信息输入的行为是一种认知行为。比如，在一家拥挤的咖啡厅，可能会有背景音乐在播放，其他人在旁边谈天说地，而人们会选择要把注意力集中在哪里，比如他们的同伴或是正在吃的食物。但在某些情况下，比如附近有一个人在非常大声地讲话或在注意力暂时失焦（参见原理 78 "持续注意力"）的时候，人们可能会感知原本没有重点关注的东西。

显然，在设计游戏时，我们的目标是抓住玩家的注意力，让他们随时把关注的重点放在游戏上——特别是在游戏中我们设定的最重要的部分。游戏中包含视觉和听觉线索（有时甚至还有触觉反馈）来向玩家传达信息，以及引导他们的注意力。当玩家投入到游戏中时，他们注意这个游戏所提供的信息，可能会忽略掉其他的感官刺激比如环境噪声或周围的运动。

在设计界面时我们必须考虑到无意视盲（inattentional blindness）现象。这是一种无法感知一些直接出现在你眼前的东西的现象。当一个界面上充斥着过多的信息时，玩家会忽视掉其中的一些元素因为他们无法对每一个感官输入产生关注。这种无法在屏幕上或游戏过程中看到某些东西，或者忽视环境音乐的情况就是无意视盲的结果。

在设计一个游戏的体验时，设计师需要负责平衡玩家的注意力。一定要选择哪些信息输入是玩家在游戏过程中能够注意到的。小心不要一次给玩家提供过多的感官输入，除非你是特意要激起他们某种特定的情绪状态。在通常情况下，设计师应该把各种需要玩家注意的元素随着时间的推移逐渐地展示给他们，切记不要一次展示太多信息，因为这将可能导致无意视盲，让玩家忽略掉游戏的关键部分。

玩家一次只能将他们的注意力集中在一件事情上，不管周围有多少信息或是干扰。尽管他们或许能够感知这些超出他们注意力焦点的信息，但却可能并没有去理解消化，成为他们意识中一个能够去采取行动的信息。

原理 64　平衡和调试

视频游戏的"平衡"（balance）是设计师巧妙地将游戏中所有的元素和系统结合在一起，并形成整体的游戏体验时，这些元素和系统的正确性。这包括有形的因素，比如角色的分类和关卡的分布；也包括无形的因素，比如游戏的流程或时间膨胀。也许更实际地说，平衡就是游戏中关于"公平"（参见原理 5"公平"）和挑战的经济学；而当它与玩家可能的选择和可用资源结合在一起时，它就成了一个充满变量的生态系统，可以让玩家去取得成功。

"平衡"渗透在一个游戏的整个制作过程中，在设计的宏观和微观层面都有所体现。它成为游戏特征的一个包罗万象的总和，像是一个宏观的感觉"是的，玩家之间的战斗平衡得非常好。"但是它同时也有非常细节的一面（参见原理 67"规模经济"）。

从微观层面看，平衡是游戏中玩家会实际操作到的元素，如产出率、结果表或资源的数量等之间是否达到了一个好的合适的状态。比如："真不幸，在第 X 关中捡到健康药剂的概率太小了，以至于这场战斗的挑战难度设定得不平衡，太难了。"

正是由于这些宏观的和微观的方方面面，设计师和开发者实现出来的游戏的各方面都对游戏整体的平衡作出贡献。然而，不是所有的游戏组成部分都达到了完美的平衡，但平衡整体的游戏体验是最重要的。

调试是在评估游戏的内容和平衡时，逐渐向上或向下调整变量以达到预期的特定结果的过程。设计师可以通过调试来让游戏更难、更容易、更快、更慢，等等（参见原理 66"加倍和减半"）。

调试的范畴可以从修改一个单独的变量，比如玩家在游戏开始时会有几条命，到去掉整个功能，比如冲刺功能。请记住，如果一个游戏有太多的结果或条件能够让玩家成功，那么这个游戏的平衡就是太容易了。要调试这种平衡，设计师必须直接去掉一个或多个会让玩家成功的结果，或是加上更多的失败状态，来让游戏变得更难。

再举一个例子，在格斗游戏（fighting game）《漫画英雄 vs 卡普空》（*Marvel vs. Capcom*）中，设计师可能会使每一个角色单独看起来都过于强大了，它们有无限连击（combo）、高伤害的动作等。然而，由于所有的角色都是以这种方式调试的，游戏在其实际运行中能够达到一个平衡。不过并不是这样就一劳永逸地完成了整个平衡调试的过程。格斗游戏的一大特点就是在发布后还需要不断进行平衡调试，发布补丁来调整任何之前忽略掉的或是突发的不平衡的状况。一个不平衡的游戏将毁掉整个挑战的感觉和玩家的乐趣。

在实践中，调试是基于观察到的结果和游戏设计的意图进行比对，并细化游戏设计的过程。设计师在预计受众的期望时必须权衡他们理想中的设计和游戏实际上的表现。调试在游戏设置建模中也是非常重要的。请记住，正如前面提到的，调试是一个持续不断的过程，在游戏的优化过程中发挥着巨大的作用。

尽管"平衡"这个概念看起来有点偏理论，通过"调试"它就变得实际了，它细化一个游戏所需要的感觉。因此，平衡是一个制作视频游戏的过程中非常重要而且复杂的方面。

原理 65　细节

着眼于提供"正确的"细节可以让你做出一个准时完成的优美作品，而避免让产品成为一个计划不周的灾难。要决定哪些细节是正确的，首先应该分析要保证玩家完全沉浸在游戏中，哪些表现上和表达上的细节是必要的。尽管每个项目的具体要求都不一样，以下关于表现性细节和表达性细节的纲领性原则是保证一个游戏重点突出、开发流程顺利的关键。

表现性细节（presentational detail）

从表面上看，评判一个游戏的角度似乎是它是否做得足够细致、生动逼真。游戏评论和新闻稿反复强调一个游戏做得越细就越吸引人。然而，没有哪个游戏真能精确地模拟现实。

因为游戏都是有重点的，目标导向的（参见原理 63"注意与感知"），玩家将他在游戏中看到的和与之交互的内容作为一个整体，而不是一系列独立的元素（参见原理 57"协同效应"）。正因为如此，在一个场景中不是每一件事物都必须有着完美的细节才能被正确地感知。

对于一个开发时间有限，却有着庞大内容量的游戏来说，经验法则是充分细化那些玩家需要近距离或重复看到或与之互动的地方。如果这些都缺乏细节，玩家会被不断地提醒这一点，并且迅速失去沉浸感。对于所有不属于这一类的事物，我们只需要让玩家看起来觉得它有足够的细节就可以了。

以下是几个需要有充分细节的地方：

- FPS 中的枪；
- 第三人称游戏（third-person game）中玩家的后背；
- 玩家会花很多时间看着或者会花很多时间呆着的环境，比如：

  a．MMO 中近距离的地标；

  b．谜题发生的地点，或是会遇到定位进攻的地点。

以下是几个不需要那么多细节的地方：

- 远处的，玩家走不到的地形和建筑；
- 手和脚（除非是在非常近距离的特写中，或者它们是游戏或人物角色设计非常不可或缺的一部分）；
- 通往大环境的过渡场景［参见原理 97"空间感知"；这通常就是现代设计中的"载入画面"（loading screen），出现在当接下来需要出现的内容在后台载入时］。

从游戏环境实现的角度看，大多数引擎和游戏开发工具在有效地利用实例化对象方面都做得非常不错。这让设计师可以在环境中放置大量相同的对象，而只占用一个实例的内存。当与美术合作设计游戏的环境时，将可以重复使用来填充这个空间的对象来列出一个清单。旋转、放大缩小、调整与该对象相关的变量都可以帮助为开发者提供足够的细节，而不用从头开始开发每一样东西。

游戏中的表达性细节（communicative detail）

游戏中的表达性细节是为玩家解决具体问题提供指导和帮助的。如果提供得太少，玩家会感到迷失。如果提供得太多，对玩家的智商和能力是一种侮辱。

确保玩家明白他们的近期和长期目标是我们需要做好的一个至关重要的表达性细节。如果一个玩家在离开几个月后重新回到游戏，他们需要一个现成简要的描述告诉他们现在在哪里，接下来该怎样继续。这对那些需要记住情节点和角色发展的故事驱动的游戏尤为重要。这个简要描述的风格取决于游戏的类型，并且应该与游戏中惯用的表达进度的方式一致。

另一方面，在玩家没有要求的情况下手把手地指导玩家，则构成了过多的细节，这会毁掉整个体验。当玩家通过了游戏中的新手引导，我们应该信任他们能有效使用所学到的东西。如果玩家有一段时间没有玩过了，应该让他们在需要的情况下主动地去菜单中找，或者在一个独立的模式下重新通过新手引导。

游戏设计文档中的表达性细节

游戏设计中的一切都必须被完全地记录，并清楚地传达到每一个团队成员。这通常意味着会有大量的包含各种变量的表格。不过，当某个团队成员问到一个问题的时候，应该给他们相关的那一部分，或者引导他们找到开发者维基上一个准确的页面，而不是让他们去通读整整 400 页的完整文档。

专注于正确的细节关系到在游戏的玩法设计和开发过程中团队如何保持同步。它关系到项目的范围（scope）、项目管理、美术和体验。

要让玩家保持沉浸感，格外关注细节是很重要的，但同时我们也要注意把握细节的程度，以确保整个项目的顺利进行。在这个问题上常用的策略包括：为玩家将特别关注的对象加入更多的细节，而对背景对象实现相对较少的细节。

原理 66　加倍和减半

"加倍"（doubling）和"减半"（halving）的原理常被游戏设计师（国内公司通常称游戏策划）用以在原型阶段得到设计发现，或用来改善游戏平衡。对于游戏平衡而言，加倍和减半就是调整某一个特定的变量或是可编程的输入来得到游戏中一个明显的变化。简单来说，加倍就是提取一个变量并将之加倍，同时观察这个改变将对游戏体验产生怎样的影响。而减半就是提取一个变量并将之减半。

加倍和减半的做法中一个关键就是极端的调整。我们通过这些极端的调整来看出一个变量是需要细微的"平衡与调试"（参见原理 64 "平衡与调试"）还是需要根本性改造。比起一次又一次地微调，这样做能够让数值更快速地接近我们最终想要的结果。加倍和减半意在用极端调整来验证游戏设计。其结果应突出现有设计的不足，特别是游戏平衡中与被加倍或被减半的变量有关的元素。加倍和减半作为设计技巧最大的好处是它们能够清楚而快速地揭示问题。

当使用加倍和减半的方法时，最好的结果是暴露出游戏平衡和设计中的缺陷，或是通过对变量的调整收集到帮助得到更好的游戏平衡的重要数据。如果只对变量进行微量调整，有可能会因得到的反馈过于微不足道而无法得出明显的，或者可操作的结果，加倍和减半的设计方法就是为了避免这种情况的产生。如果在实施加倍和减半后没有发现显著变化，要继续这么做直到发现变化。

例如，一个游戏设定玩家角色的初始生命值为 200，而经过"游戏测试"（参见原理 52 "游戏测试"），显然在战斗中玩家太不容易死了，也就是说这个游戏挑战性太低。根据加倍和减半的原理，下一步应该就是讲初始生命值减半，设定为 100，然后重新进行游戏测试以观察结果。如果 100 这个新的初始生命值看起来依然太高，再次使用减半原则将其设定为 50，并再次重新测试。减半通常比微调更能得到有效的结果，并且节省大量的时间，特别是当设计上的改动不断进行的时候。

正如上面这个例子，恰当使用加倍和减半原则的变量和输入值都应该是对核心游戏平衡有重要影响的。包括但不限于以下范围：移动选项、时间限制、资源分配、生命或伤害比例。在决定应用加倍和减半之前，确定这个可调的变量在游戏体验中的重要性是非常关键的一步。不是所有可调整的变量都像前面的例子中那样可以对游戏体验产生如此重要的作用。

一旦被成功使用，加倍和减半通常会对游戏规则的组成和应用产生显著影响，而这反过来会影响受众的游戏体验，并让设计师必须去衡量游戏设计的方方面面。加倍和减半的原理在设计中是一个非常好的工具（参见原理 45 "迭代"）。

因此，我们在游戏开发的过程中常定期使用加倍和减半的方法来建立"进展中的平衡"。而且，加倍和减半可以一直应用到游戏开发的最后一刻，用以测试和落实开发过程中关于游戏平衡的种种假设。但要注意的是，在游戏测试中应用加倍和减半通常会带来比较极端的结果，这对于非开发者的受试者是不太舒服的。如果将之应用于 A/B 测试，尽管它能带来快速、明确的结果，它同时也会给游戏带来让玩家可能无法忍受的极端条件。加倍和减半更适合作为这个游戏的设计者和开发者内部使用的工具，他们对游戏的功能中相互关联的各个部分有充分而深刻的了解，使用不理想的游戏体验来作为调试的工具有心理准备，而不至于觉得他们的时间或金钱被浪费了。

　　加倍和减半不仅仅被应用于游戏测试。在设定游戏开发时间表时，将开发一个功能所需的时间加倍也是一个常见的做法，这是为了保险起见。不幸的是，减半通常发生在重新设定项目范围需要减少功能点时。

在测试中加倍和减半变量能迅速地让数值协调，也能体现哪些变量对游戏体验有特别重要的影响。

原理 67　规模经济

看待每一个经济体都有两种主要的角度：微观的尺度和宏观的尺度。

微观经济学研究的是个体的选择。这个领域以自下而上的方式对经济形势进行分析。它着眼于个体特定行为背后的动机，以及这些行为如何对更大的系统产生影响，乃至在广泛的社会层面将会产生的多米诺效应。

宏观经济学研究总经济体或国家的经济选择，以自上而下的方式关注经济系统的模式和影响。宏观经济学着眼于国家或全球层面的发展趋势及其影响，以及它们最终如何影响个体。

一些游戏也有这样类型上的差别。在《模拟人生》（The Sims）中，每一个房主的选择构成了"核心游戏循环"（参见原理 33 "核心游戏循环"）。微观经济是这个游戏中的核心，因为它模拟的是个人的生活，其中所有的选择都是小层面上的细节选择。而在《模拟城市》（SimCity）中，游戏的乐趣则是来自如何调节整个生产。人类生命在这里被看做是每个地区和劳动力资源中的人头数，而不是一个个独立行动的个体。宏观经济是整个游戏中的核心。你需要做的是大层面上的决策，而衡量成功与否的不是个人的胜利，而是大的数字。

不是每一个游戏都明确地关注某一个层面。在没有非常清晰的微观或宏观界限的情况下，要清楚地了解经济力量在游戏中发挥的作用，开发者需要从自上而下以及自下而上两个方面去考虑。当考虑对系统做一个改动时，不管是一个像"加倍和减半"（参见原理 66 "加倍和减半"）那样大的改动，还是精细的微调（参见原理 64 "平衡和调试"），如果只从一个角度去考虑，都不能全面地看到这个改动的所有影响。

游戏中的经济系统至今已经发展得非常完善，不过在早期并不是如此。在第一批MMO 之一——《网络创世纪》（Ultima Online）游戏的初期，一些通过锻造系统锻造的物品的过量生产导致了恶性通货膨胀，而玩家囤积其他物品（合成法术的原料）导致了游戏核心循环实质上的崩溃。开发者们这才意识到，是自然的市场力量在一个封闭的系统中起作用，而不是每一个玩家的行为都是可以预测的（参见原理 47 "超游戏思维"）。

从那时起，MMO 在"收"（sink）和"放"（faucet）的平衡上就得到了很大的改善。通过去除多余的资源（收）和补充高需求却也不应太稀少的资源（放）的系统，能够调和市场力量的剧烈波动。以这种方式开放的系统让开发者能够通过调试让玩家得到更多的乐趣和更少的惩罚（参见原理 37 "体验设计"和原理 76 "惩罚"）。

然而，一些游戏依然在自由市场力量的参与上给了很大的自由。《星战前夜》（Eve Online）就是一个例子。在该游戏中，玩家可以（甚至在某些层面上被鼓励）组织垄断和阴谋小集团，并且勒索保护费。然而这样的一个设计可不是畏首畏尾的胆小鬼们能做到的。《星战前夜》野心勃勃的经济系统，需要一个全职的、纯粹学术的经济学家和他的大约 8 人的团队来帮助管理、预测和设计。

记住，价格和可得性不是游戏中经济系统的唯一要素。例如，如果一个游戏中存在一个任何形式的占优策略（dominant strategy），这个策略中用到的一个物件将会对玩家有着远远超出其在商店售价的内在价值。像在《反恐精英：起源》（*Counter-Strike：Source*）中，武器的价格是动态的，一把"沙漠之鹰"（Desert Eagle）可以卖到 16000 美元，而"格洛克"（Glock）的售价却低至 1 美元。它们都是在现实中能够杀死一个人的手枪，却在游戏的经济系统中对玩家有着天壤之别的价值，因为前者是一个占优策略的构成要素而后者不是。

让经济学的原理成为"核心游戏循环"的一部分而不是将它们隐藏在后台（参见原理27"信息透明"）能够让游戏具有挑战性并且有趣。比如，德式桌上游戏《电力公司》（*Power Grid*）就体现了关于"供需关系"（参见原理 56 "供需关系"）的微妙之处。再比如经典游戏《M.U.L.E.》，要在外星球生存，主要依赖于贸易谈判，以及为了争夺每一个资源不顾一切的竞争都是显而易见的。

当玩家发现他们自己成为了游戏中微观和宏观经济强大的参与者，他们看到了新的方式彼此交互、形成同盟以及实施报复。尽管在现实世界中个人面对经济衰退或是萧条时无处可躲，在游戏中一旦玩家觉得不好玩了他们大可自由离开。

经济学可以从两个方向来看。宏观经济学着眼于整个城市和工业，以及这些大规模的系统如何相互作用。微观经济学关注的是这些大系统中的个体以及他们所做的决定。

原理 68 玩家的错误

玩家在游戏中所犯的错误通常可以被归为以下两类："行为错误"（performance error）和"运动控制错误"（motor control error）。其中运动控制错误相对更简单。

运动控制错误

这类错误有可能简单如玩家不小心按错了一个键，或复杂如玩家未能把握 boss 战的时机。此类错误源自玩家协调、掌握或应用（通常是在视频游戏中的）输入设备的困难。在棋盘上不小心撞倒棋子也属于这类错误。

如果设计师非常了解他们的目标受众并且参与了游戏测试，他们在设计的过程中能够预测和控制这样的错误。我们要记住一些玩家可能由于年龄或自身状况的限制无法完成特定的运动控制。比如，如果是孩子要玩的棋类游戏，一英寸高的棋子就不合适。在设计主机游戏（console game）时就必须考虑到，不是每个玩家都对控制器特别熟悉的，有些人可能需要反复摸索才能找到一个正确的按键。

行为错误

另一种错误就是行为错误。行为错误又可以被细分为以下 3 种。

- **程序错误（error of commission）**

在这种情况下，玩家在一套程序中加入额外的、不需要的步骤。例如，可能他们从当前所在的画面就能进入地图，他们却认为需要回到主画面才能找到地图。这种情况可能出现在当界面设计让人迷惑，或者玩家正在经历"无意视盲"的时候（参见原理 63 "注意与感知"）。

- **疏漏错误（error of ommision）**

在"疏漏错误"中，玩家在动作序列中未能完成其中的一个步骤，他们漏掉了一些重要的东西。对游戏设计师（国内公司通常称为游戏策划）而言，这里的关键是要让动作序列短而直接，让玩家不至在完成各个步骤时出现问题。毕竟不可能有设计团队的成员在玩家旁边提醒着："噢，你忘了做那个动作啦！所以这儿行不通。"关于在动作序列中需要完成动作的信息，对玩家而言必须是明显的、逻辑的，或者是他们本身就有着固有的认知。如果游戏的学习曲线有着恰当的平衡，玩家不应该会犯遗漏错误。（参见原理 64 "平衡与调试"）

- **错误行动（error of wrong action）**

在某种情况下，玩家执行了错误的动作。他们本来应该做一件事，但他们却去做了另一件事。这就是我们需要应用到"不被惩罚的错误"（参见原理 69 "不被惩罚的错误"）原理的地方了。玩家应该在犯了这种错误之后得到一个"有趣的失败状态"或至少得到一条信息（最好是诙谐机智的）告诉他们执行这个动作是不对的。

　　记住玩家在与游戏交互的过程中可能犯的错误，并且提前做好应对措施。如果做到这一点，游戏中的提示文字将真的非常有帮助，错误提示会引导人们回到正确的方向，偶尔的失误甚至可以让玩家发笑，而不是感觉到挫败和愤怒（参见原理 69 "不被惩罚的错误"）。预测玩家可能犯的错误类型能够从整体上提升游戏的体验。

玩家的错误：

（1）运动控制错误：哎呀！笨手笨脚地会导致把椅子弄坏；

（2）错误行动：使用了错误的工具，任务永远也完成不了；

（3）疏漏错误：忽略掉一些步骤，任务进行得好像也不怎么顺利；

（4）程序错误：将正确的步骤重复了太多遍也不会让结果变得更好。

原理 69 不被惩罚的错误

作为一个游戏设计师（国内公司通常称为游戏策划）最大的困难之一就是如何处理玩家没有按照设计意图来做的情况。玩家的错误可以被分为不同的类别并且被分别研究（参见原理 68 "玩家的错误"），但是不论什么情况，我们都应该做以下三点：

- 让玩家知道他们犯了一个错误；
- 将玩家重新引导到正确的流程上去；
- 确保玩家不会再犯相同的错误，并且按照设计师的意图继续游戏。

这里列出来的前两项通常在"反馈循环"（参见原理 6 "反馈循环"）中都能得到很好的解决。对于第三项，有时使用"惩罚"（参见原理 76 "惩罚"）是可以的，而更多的时候惩罚会导致更大的影响，弊大于利。如果一个玩家已经对于他没能掌握必要的技能而感到沮丧，他们在此时最不需要的就是惩罚带来的痛苦，因为这一点也不有趣。

相反，玩家需要一个我们通常称之为"有趣的失败状态（interesting failure state）"的状态。这也就是说，当玩家没有做成一件事情，比如用不恰当的方式将两种物品结合在一起，或是在 boss 战中失败，他应该得到的一个有趣的结果。

例如，在文字冒险游戏流行的年代，如果一个设计师能够在玩家给了错误的文字输入或是走错了一步的时候，给出一些远比"没有任何事发生"（Nothing happens.）更有趣的响应，这将是他的骄傲。这其中最有名的例子是当玩家说"你好，水手！"时，游戏会给出响应"这里没有任何事情发生"（Nothing happens *here*.）（其中"这里"还特意用斜体加以强调）。这就给玩家提供了一个暗示：事实上，在游戏中可能有其他地方对"你好，水手！"这句话有别的响应，如得到一些"胜利"的情况、谜题的解决方法，或其他有趣的结果。所以玩家不但不会为找错了地方而感到沮丧，相反地，他们被鼓励继续在其他不同的地点尝试这个行为，来寻找所谓"胜利"的情况。（剧透：这其实是一个转移玩家注意力的诡计。没有任何一个游戏中这句话能真的带来某些"胜利"的情况、谜题的解决方法，或其他有趣的结果。）

当面临艰巨的考验时，最好是能找到一种方法既能告诉玩家他的失败，又能鼓励他们继续尝试完成任务。同样，如果玩家以与设计师的意图相左的方式玩游戏，与其惩罚他——玩家只是在老玩具中找到了一个新方式来娱乐，因此而受到惩罚对玩家来说是令人沮丧而失望的——不如让他继续探索，不断用一些有趣的结果来鼓励他们。当然，可以比"正确的"游戏方式下他们能获得的结果要差一些，只是要确保结果是有趣的。这会增加玩家的满足感，并且也比不加修饰的失败或惩罚更让玩家开心。

这并不是说让玩家永远都不会失败，只是当他们失败（对于游戏设计的玩法而言）时，应该给他们一个吸引人的结果作为奖励，让他们失败的痛楚不至于太过强烈。玩家当然不应该因为玩游戏的行为得到沮丧的结果，这会让他们想要放弃。相反，他们应该被鼓励去追求他们期待中的结果。事实上，各种有趣的失败状态就能够鼓励玩家继续去试验，看看游戏设计师到底做出来多少种巧妙的失败状态。

给偏离指定路线的玩家少一些奖励也是处理"不被惩罚的错误"的另一种方法。通过这些探索，他们得到的奖励可能只是游戏所设计的最佳路线的一部分，但他们所做的事情还是有效的。这个方法能够鼓励玩家回到设计师期望的路线上来继续尝试，至少他们不会因为自己的错误而被阻挡。这不如有趣的失败状态有效，但一样能够达到对没有做到完美的玩家不惩罚的目的。

惩罚一个犯错的玩家可能会让他们感到沮丧以至于不愿意再继续游戏。

一个"有趣的失败状态"能在告诉玩家哪里做错了的同时，鼓励他们继续探索和游戏。

原理 70　希克定律

希克定律（Hick's law）讲的是当用户面对一列相似的选项时，每往列表上加一个选项，他做选择的时间将成对数形式增长。希克定律证明了设计中简洁性的重要，并且指导设计师如何组织信息能够加快用户学习和使用的速度，让整体设计显得更加直观。

希克定律用数学公式表达为：$T = a + b(n)$，其中 T 是反应时间，n 是可供选择的选项数量，a 和 b 是取决于特定条件的常数。变量 a 跟用户选择到底是否要做这个选择的时间也有关，而这反过来也受选项数量 n 的影响。可供选择的选项越多，用户就越有可能不做出任何选择，也就是说放弃。这是一个对数函数，其底数为 2，因为在假设这些搜索项是类似的并且 / 或者有序的前提下，也就意味着这是一个二进制搜索。无序的、互相不相关的选项会让反应时间更偏向于线性的，而不是对数的，也就是说会更费时间。

希克定律的应用，我们可以在一些极简的网页上看到，像谷歌；也出现更复杂的情况，如类似选项分组的亚马逊主页（参见原理 65 "细节"）。而也有一些游戏界面出现了对希克定律的误用，比如在菜单中，玩家看到的选项太多，而每一个选项下面的子选项很少。如果反过来，少一些选项，每一个选项下多一些子选项，会让选择过程更快速，没有那么让人感到挫败。

哥伦比亚大学商学院教授希娜·艾扬格（Sheena Iyengar）用果酱做了一个非常有启发性的、常被引用的研究。在一篇《当选择让人失去动力》（*When Choice Is Demotivating*）的论文中，她指出当选择较少时消费者更容易购买果酱。当面对 24 种不同的果酱时，60% 的消费者会停下来试果酱的味道，却只有 3% 的人会购买果酱。然而，同样一群消费者，在只面对 6 种不同的果酱时，只有 40% 的人会停下来试味道，却有 30% 的人会最终购买。当选择看起来太困难了，消费者会选择不去做这个选择。

由于选择是设计一个像游戏这样的互动体验时不可或缺的一部分，人们在面临过多选择时会放弃选择的这个问题对游戏设计的影响就仅限于游戏中用户界面的设计了。比如，在沙盒游戏中我们就经常碰到这个问题（参见原理 77 "沙盒与导轨"），消费者可能会说他们希望能有无限的选择，而事实上，当真的面对这么多选择时，他们却会觉得无聊或者很迷惑。相关研究证实，合理的选项数量是 3 个到 6 个——不少于 3 个，不多于 6 个。

在某一种情况下可供选择的选项越多越好——这就是当需要做选择的这个人心里已经想好自己具体要选什么的时候。例如，当一个某种品牌和口味的果酱的死忠粉丝面对仅有的 6 种选择时，他们可能会很失望，也不会购买。他们先入为主的、非常具体的偏好更有可能出现在有 24 个选项的情况下。而在游戏中，这种情况出现在玩家可以个性化他们的形象或个人空间时。玩家通常对自己想要一个什么样的形象有具体的想法，并且会试着从游戏提供的各种选择中去找符合这个想法的选项。设计师只需要记住将这么多选项归好类，组织成有限的几个大类别下分别有很多个子选项的形式即可。

　　同时我们也要避免对于希克定律的理解过于形式化。从之前提到的公式中能得到另一个合乎逻辑的推论，就是从四百万个选项中做出选择所花费的时间，仅仅是从 4 个选项中做出选择的 30 倍。当然，一台电脑可以从四百万个有序排列的数字中花上比面对 4 个选项时多出来 30 倍的时间做出二进制搜索（根据对数算出来的结论），但是显然人类是做不到的。在所有的设计决策中，常识和"游戏测试"（参见原理 52 "游戏测试"）的作用远远胜过数学公式。

SHORT SWORD	
BUY	$230
SELL	$75
ATTACK	10
SPEED	+15
PARRY	+12

MAGIC SWORD	
BUY	$349
SELL	$105
ATTACK	30
SPEED	+5
PARRY	+2

FIRE SWORD	
BUY	$532
SELL	$105
ATTACK	30
SPEED	+2
PARRY	+2

SCYTHE	
BUY	$600
SELL	$215
ATTACK	50
SPEED	+1
PARRY	-2

SAI	
BUY	$478
SELL	$215
ATTACK	22
SPEED	+24
PARRY	+15

TRIDENT	
BUY	$800
SELL	$595
ATTACK	32
SPEED	-5
RANGE	+10

调整菜单的简洁度，要用到希克定律，也要参考焦点小组测试和常识。

原理 71   兴趣曲线

兴趣曲线（interest curve）表达的是受众对一个体验所提供刺激的参与程度和反应。兴趣曲线记录了参与者对一个事件的感觉。它不仅仅能用在视频游戏或媒体内容上，还能用来观察记录各种体验。其范围之广，涵盖从体育赛事到人体工程设计，或是生活中平淡无奇的事情像是搭乘一次巴士等。不管你研究的是什么类型的兴趣曲线，其背后的原理是通过调整设计来平衡和优化受众的体验。

要生成一个兴趣曲线，我们通过标出一些简单的数值来表示参与者的兴趣程度，并将"兴趣程度"作为 y 轴，而该体验经历的时间通常作为 x 轴，这样的图表就可以用来监测参与者的体验。此外，我们应该把在这个体验中一些特别重要或有需要特别注意的点在 x 轴上标示出来，这样就可以直观地看到它们对参与者体验的影响。这样的点可能是游戏中一般的条件，比如开始一个新的级别；也可能是一些特殊的条件，比如获得一种新的能力。

观察兴趣曲线的大目标是了解在特定的上下文环境中或是连续的整体体验中，某些特定的刺激与其他的相比是不是对受众更有效。在收集完兴趣曲线的数据之后，将其与设计师的预期进行对比分析。通过这种设计预期和实践数据的比较可以发现错误的假设，需要改进的地方，甚至是出乎意料的成功。

偏差需要纠正。兴趣曲线的"平衡和调试"（参见原理 64 "平衡和调试"）包括但不限于：调整"节奏"（参见原理 93 "节奏"）和难度、精简内容、分解极端值。而且，兴趣曲线能给整个开发团队带来价值，尽管由于它是基于观察而不是精确的报告得来的，它提供的也不是确切的数值。兴趣曲线不单单局限于为设计提供反馈。记住，兴趣曲线和学习曲线（Learning Curve）是非常互补的设计工具。

视觉、游戏机制、故事，甚至是技术功能点上的变动都会影响兴趣曲线。兴趣的这一整体性让我们在检验兴趣曲线时必须和各种职能上的相关人员合作。当我们调整兴趣曲线时，记住以下准则。

- 考虑受众先入为主的观念。
- 要快速抓住受众的注意力。用一些"诱饵"来尽可能将用户的兴趣延长至整段体验期间。
- 避免在某一个兴趣点上将时间拉得过长（参见原理 78 "持续注意力"）。
- 动态的高峰和低谷能够帮助让受众产生兴趣。一个体验需要是自然流动并且有低潮的（设计师在这方面了解得更多）。
- 即使是在兴趣曲线上升或是下降的运动过程中，也需要利用一些小的高峰和低谷以防止沉闷。
- 高度集中注意力的时间段过后通常需要一个相对不那么需要集中注意力的时间段，这能让用户缓一缓或是重新开始期待。

■ 一般来说，至少需要有那么一个或几个高峰来让受众有一些记忆犹新的时刻。

■ 例如，《使命召唤：现代战争》（*Call of Duty：Modern Warfare*）在发布时就有几个非常值得注意的兴趣高峰点。比如 AC-130 攻击机任务（AC-130 Gunship mission）和核弹爆炸事件，这些时刻对于其受众而言即使在多年以后也是值得回味的。

■ 当我们检查兴趣曲线时，通常是要让主要关注点总能帮助优化整个体验。但是要记住每一个不同的玩家类型都有独特的兴趣曲线。一个关注故事的玩家和一个喜欢收集的玩家的兴趣曲线可能是完全不一样的。在受众群体内部也是有多样性的（参见原理 3 "巴特尔的玩家分类理论"）。

■ 使用各种手法来刺激受众的兴趣。像音乐、视觉、故事、机制，以及社交激励等都是你可以用来吸引受众的工具。

■ 为了精简和提高整个体验，不要害怕删减内容。

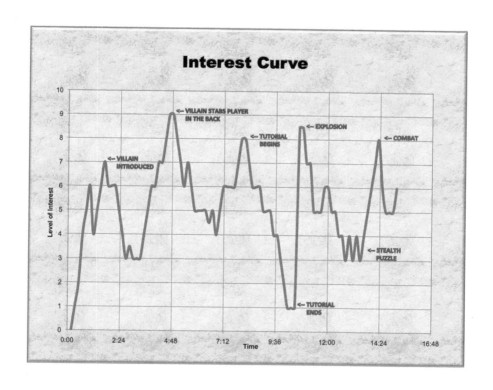

原理 72　学习曲线

完成一个任务需要付出时间，付出努力去理解它，而在不断重复该任务的过程中技能将随之得到提高。学习曲线就是把这个意思可视化了。学习曲线能够表示个体玩家的技能进步（如："由于她玩过其他 RTS，在玩我们的游戏时她的学习曲线很平滑。"），也可以体现某些游戏细节的上手难度（如："要记住这么多的按键命令让这个游戏刚开始的学习曲线就很陡峭。"）。幸运的是，对游戏设计师（国内公司通常称为游戏策划）而言，学习曲线所代表的玩家和游戏之间的关系是可调节的。

视频游戏通常需要重复任务（参见原理 6 "反馈循环"），同样需要经常加入新的任务，这让事情变得更复杂。其导致的结果就是，当整个体验的学习曲线被调整得刚刚好的时候，单个任务的学习曲线还是有可能过于平滑或者过于陡峭。于是，如何在调整单个机制的学习曲线时依然保持整体设计的学习曲线的平衡就成了一个难题，反之亦然。选择关注哪一块内容以及何时关注也是管理 "平衡和调试"（参见原理 64 "平衡和调试"）的一部分。同时也要记住，在设计学习曲线时要针对具体的目标受众。

学习曲线通常可被分为陡峭的和平滑的。在生成一个学习曲线时，你首先需要考虑的因素是玩家在一个任务上学习或提高需要多久，以及这一个任务中有多少方面的内容他们需要掌握。太多任务、一个具有太多组成部分的任务、或者一个任务太难都会导致学习曲线太陡峭。陡峭的学习曲线会让那些追求简单趣味和 "自豪"（fiero）的玩家受挫（参见原理 11 "拉扎罗的 4 种关键趣味元素"）。

相反，如果一个任务太简单，或是没有足够的创新性和变化来维持玩家的兴趣，学习曲线就会很平滑。平滑的学习曲线通常会让人觉得很无聊。如果在设计中加入一些复杂性，学习曲线就不会那么平滑了。

当要往游戏中引入一个新元素时，一个避免过于陡峭的学习曲线出现的办法，是确保在出现新任务的特定时刻里，这个新任务是玩家的唯一焦点。在教会玩家新任务的玩法时，不要用其他东西去混淆他们的注意力，让这个新任务成为玩家关注的焦点。提供让玩家有熟悉感的问题设定，引入新的模式，然后在完成任务的过程中一直沿用这个模式。在教授玩家新任务的时候考虑以下框架。

- 在教学过程中去掉所有干扰。
- 让玩家保持控制权，让他们在实战中学习，而不是通过阅读或观察来学习。
- 设立一个清晰的目标让玩家去达成。
- 允许玩家在没有惩罚和妨碍的情况下练习。
- 为玩家的成功尝试提供直接和积极的反馈。
- 通过加进额外程度的挑战来强调玩家学到的能力，并且给予一个清晰的目标。
- 当玩家成功完成任务时，将他们的行为与之前掌握的技能结合，形成谜题或者场景，进行强化练习，使其保持新鲜感。

　　这里有两个经验法则可以帮助学习曲线变得平稳：设定清楚的目标和提供直接的反馈。如果你想直接设计一个教程，这两点都是很好的经验。如果你想将教会玩家的过程融入他们的实际游戏操作中来避免正式的教程，也可以将这两点经验应用进去。

　　在游戏设计的全局中，记得要考虑"学习曲线"（参见原理 72"学习曲线"）和"兴趣曲线"（参见原理 71"兴趣曲线"）之间的关系。受众的掌控感、知识的获取和挑战都来自学习曲线，而这反过来又会影响受众在时间推移下的参与度，也就是兴趣曲线。我们要致力于在这两者之间获得一个完美的平衡来让玩家感到惊喜与愉悦。

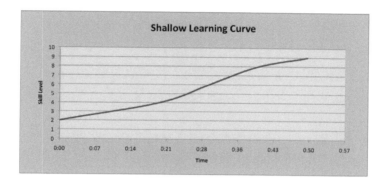

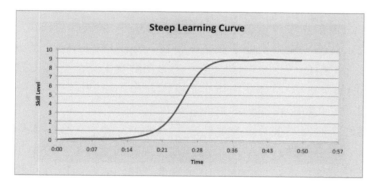

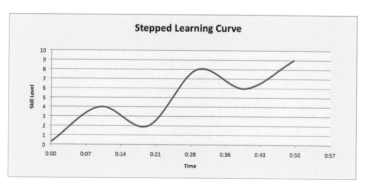

原理 73　损失规避

想象一下，一个人邀请另一个人玩一个游戏，他们只有一次机会，游戏方式是抛硬币。如果是正面，第二个人从第一个人那里得到 1 美元；如果是反面，第二个人从第一个人那里得到 2 美元。听起来相当不错吧？绝大多数人都会抓住这个机会去玩这个游戏的。

现在来想象一下第二个游戏。这一回，一个罐子里放了 100 个乒乓球，玩家需要蒙住眼睛抽出一个。这 100 个乒乓球中有 99 个是金色的，如果玩家抽中金色的球，他将得到 10200 美元。剩下一个球是黑色的，如果玩家抽中了黑色的球，他需要付给组织游戏的人百万美元。

这个游戏听起来吸引人吗？当然它提供的奖励很高，而且得到这个好的结果的几率很高，但是一旦失败所要付出的代价是巨大的！在类似的实验中，研究人员发现绝大多数人会更偏向于选择收益不那么高但一定能得到好结果的那一种，而不是高收益高风险的那种。

在第一个游戏中，玩家有 1.5 美元的预期收益；在第二个游戏中有 98 美元。第二个游戏的平均收益是第一个游戏的 65.33 倍！但是一旦有了机会人们关注的是这个游戏极端的坏结果。这是为什么人们要买保险——定期支付的保险金相对于有可能让他们破产的极端情况而言，前者对他们更有吸引力。

在游戏设计中，损失规避原则的含义是很明确的：对损失的恐惧大于得到同样数量、甚至更多东西的快乐，也更能促使他们做某些事情。在《虚拟农场》（*Farmville*）中，如果你不定期登录，你种植的作物会枯萎和腐烂，你在游戏中为这些作物投入的时间和金钱就浪费了。我们假定这些时间和金钱相当于 100 游戏币，作物腐烂带来的这 100 游戏币的损失，远比登录即送 100 游戏币的奖励更能促使玩家登录游戏。

假设设计师要修复他们发布的游戏中的一个不平衡（参见原理 64 "平衡和调试"）——力量之剑太过强大了。削弱游戏中某些武器的力量会被玩家抗拒，因为这对他们来说是某种程度的损失。但是，如果增强这个游戏中除力量之剑外的其他所有武器的力量，也是从另一个方面解决了这个不平衡，而且在这种情况下想使用其他武器的玩家会很开心看到他们喜欢的武器变强了。

原理 74　马斯洛需求层次理论

行为学家亚伯拉罕·马斯洛（Abraham Maslow）于 20 世纪 50 年代提出的人类需求层次理论（Maslow's hierarchy of needs）将人类的需求按重要性分成了 5 组。我们通常用金字塔的形式来表示这 5 组需求，尽管马斯洛本人从来没有这么画过。这 5 组需求包括：

- **生理层面的需求（physiological）**：食物、住房、衣服、空气、水、睡眠和性构成每个人的基本生理需求。如果这些需求中的任何一个得不到满足，人们将会致力于尽自己所能去满足它。这些需求有时也被称为"生物需求"。
- **安全需求（safety）**：这些需求来源于对损失、伤害或死亡的恐惧。需求包括财产的安全，健康的保证，和保护自己、家人、朋友和社群免遭身体和精神的伤害。
- **社会需求（love and belonging）**：社会需求包括友谊、性亲昵行为、家庭的融洽、被团体接纳（如俱乐部、教会、帮派、体育团体等）。教师、同事、家庭成员和朋友都在这其中发挥作用。
- **尊重的需求（esteem）**：这些需求包括尊重、自信、威信、责任、能力、地位、声誉和赞赏。这些需求可以通过职业、家庭、爱好或社会团体来实现。对人而言这些需要的内在实现比任何正式或言不由衷的来自外部的认可都更重要。
- **自我实现的需求（self-actualization）**：这是最高层次的需求，它是一个人要做到他力所能及可以达到的程度的需要。在所有低层次的需要得到满足之后，当一个人的潜力能得到最大的发挥，能实现他最希望实现的事情，他就得到了自我实现。一旦超越了他们自己的认知和情感上的限制，这甚至可以扩展到推动社会和人类进步的层面。

这个需求层次体现了人类追求的渐进。人们通常需要先满足低层次的需求，而当低层次的需求得到了充分的满足，人们就会开始追求高层次的需求。

美国心理学家克雷顿·奥尔德弗（Clayton Altderfer）将自己的想法融入了马斯洛的需求层次理论。他的理论部分来源于自我决定理论（self-determination theory），称作 ERG（existence，relatedness，and growth，生存、关系和成长）。他把马斯洛需求层次中的生理需求和安全需求并称为生存需求，社会需求称为关系需求，尊重的需求及自我实现的需求并称为成长的需求。他还提出了需求倒退的理论，认为当高层次的需求得不到满足时，人们会回到低层次的需求上并花费更大的努力，通过在低层次的需求上的成就感来弥补。其他理论家提出了更多高层次的需求，他们将自我实现的需求修正为包含认知需求（获取知识）、审美需求（被赞赏）、自我实现（发挥潜能），与超越（帮助别人）的综合需求。

后来的科学家提出了一些对马斯洛理论的质疑，这些质疑包括：个人同时对这些需求产生反应（而不是一次只有一个），关于如何确定需求是否得到了满足的问题，同样的需求导致不同的行为，以及缺少经验性的证据。还有一些人反对他的一些具体结论，比如这些需求的顺序，以及高层次的需求是否必须在低层次的需求得到满足的情况下才会得到重视。还有一些批评指向他的研究方法，因为他的研究基于个人主义的社会，主要针对的是西方国家的中产阶级，并且只关注他能找到的最健康、最聪明的人。人们普遍认为，这些需求在不同的情形、年龄、性别和文化下有不同的比重。

　　游戏开发者可能会认为这个理论对游戏开发的意义仅限于它把游戏归入了"爱好"一类，处在金字塔接近顶端的地方，但这样就意味着其他的一切都会被忽略了。如果我们深入地理解这个理论，我们会发现其很多在游戏设计中可以给我们启发的地方。以下是一些抛砖引玉的例子。

- 如果把这些需求融入到玩家需要做的事情中去，游戏中的模拟情境会感觉更真实。我们可以想象一下如果《模拟城市》（*SimCity*）中的工人不需要住房会是什么样呢？
- 如果人工智能有了这些需求，它们给人的感觉会更像真实的人。
- 当在游戏中低层次的需求受到威胁时，玩家会感觉更担心。
- 当玩家的需求之间产生冲突时，玩家不得不进行复杂的取舍和选择。这就形成了有趣的主题和叙事的好时机。

自我实现的需求
发挥潜力，做更大的贡献

尊重的需求
自我尊重，对他人尊重，被他人尊重

社会需求
宠物，浪漫，朋友

安全需求
财产安全，人身安全，健康保证

生理需求
睡眠，食物，水，性

原理 75 最小 / 最大化

与"极小极大"（minimax）和"极大极小"（maximin）不同，"最小 / 最大化"（min/maxing）是玩家在创建角色（角色扮演游戏中）、人物（视频游戏中）、或一个单位（战争游戏中）时使用的一种把不利特性缩到最小，有利特性放到最大的"占优策略"（参见原理 84"占优策略"）。这就导致创建出来的人物只对某一种玩家擅长的技能非常偏重，人物的灵活性降低了，但在这个玩家选中的技能上非常强大。最小 / 最大化在角色扮演类桌游中尤其常见，因为在这类游戏中大家通常把战斗当成最重要的一部分。这样玩家把人物角色调整成在社会性、智能性和道德性相关方面的属性值比较低，却有着很强的武器。在军事游戏中，玩家可能会建设像玻璃大炮那样的单位——攻击值超高，防御力超低。人们比较容易接受新玩家使用"最小 / 最大化"，并且在组队玩那种角色扮演本身的重要性不如获取奖励（宝物，设备，以及 / 或者经验值）的游戏时，人们容易鼓励这种行为。

最小 / 最大化是一个在玩家中颇具争议的话题，在角色扮演类的桌游和网络游戏的玩家中间尤其明显。一方面，那些赞成这种策略的玩家认为它是符合规则的，并且给游戏过程带来贡献（通常使用这个策略的玩家会成为队内最强大最有贡献的一个）。他们通常会强调这类游戏鼓励角色之间的互相分工，并以此作为论据支持他们"该做法符合游戏精神"这一观点。另一方面，很多角色扮演游戏的玩家认为最小 / 最大化策略破坏了这类游戏中固有的社会契约关系。正是这种社会契约关系让玩家创建各式各样不同的角色，这些角色具备各自的技能，甚至可能有一定程度的现实性，从而让玩家能享受游戏中除了战斗之外的体验。

如果游戏的设计提供了最小 / 最大化策略的可能性，通常组队的玩家会一起根据游戏的进展情况来讨论在何种程度上该团队允许或鼓励这个策略存在。如果一个玩家破坏了既有的补充规则或者指导原则（参见原理 44"补充规则"），他可能会被这个团队赶出去，或者被禁止玩这个游戏。

游戏设计师有以下几种方法来规避玩家使用"最小 / 最大化"策略。

- 给游戏中的单位和角色设定预置的、平衡的属性值。
- 每次开始一个新游戏时都随机生成新的属性值。
- 将一些属性值关联成复杂的系统，调高其中一项会导致其他项降低。注意：这种方法并不能完全消除最小 / 最大化策略，只能将其关注点引导到这些复杂的系统中去。
- 着重强调游戏的主题和与之相关的故事传说，提供一个叙事的架构来鼓励角色扮演行为本身，防止玩家纯粹抱着关注数字的心态来玩游戏。

相关的游戏设计陷阱包括暴力游戏（powergaming），规则至上（rule lawyering）和"twinking"。暴力游戏是指占优势的玩家置游戏精神于不顾，胁迫其他玩家来遵从他们的指挥，或是强迫其他玩家做自己要求的事情，来帮助自己达到特定目的。规则至上者一步一步严格遵循规则行事，他们专注于通过数学计算来优化应对挑战的方法，忽略过程中的乐趣。角色扮演类游戏里，还有一些玩家在低等级角色（无论是自己的或别人的）身上堆砌高级武器、防具或其他道具，从而在该等级其他玩家中取得绝对优势地位，这就叫 twinking。

| STRENGTH | 141 | STRENGTH | 5 | STRENGTH | 87 |
| INTELLIGENCE | 18 | INTELLIGENCE | 168 | INTELLIGENCE | 98 |

在角色扮演游戏中玩家经常会将角色的属性值最小 / 最大化，就像上图中的战士和法师，跟两方面属性相对平衡的盗贼相比就是最小 / 最大化的例子。设计师必须考量玩家实施这一策略时对其他所有玩家游戏体验的影响。

原理 76　惩罚

近年来围绕视频游戏中负增强（negative reinforcement），或者说惩罚（punishment）的概念产生了很多争论。老一代的游戏都是有着严苛的规则的，所以老一代的玩家们也就形成了这样的固有认知——他们需要仔细研究和掌握游戏中所有复杂的点，一旦有一步稍稍偏离"正确"的路径就会导致他们需要将这个部分或这一关从头再来一遍，甚至需要整个从头开始。而如今，越来越多的现代游戏开始接受"不被惩罚的错误"（参见原理69"不被惩罚的错误"）的趋势，这个概念是指游戏应该始终积极地推动玩家做出正确的选择，而不让他们失败或不得不重复某个环节。那些传统的老一代玩家反对这个做法，他们认为这让游戏失去了挑战性，玩家不需要静心修炼所需的技能来征服游戏，仅仅是顺其自然地经历它。关于这究竟是导致当今社会所谓"entitled generation"的原因，抑或这是"entitled generation"所带来的现象，要讨论起来就完全可以另写一本书了。所以由于篇幅原因，在此仅就一些视频游戏中常用的惩罚模式做一些探讨。

"生命 / 游戏结束 / 继续"（lives/game over/continue）

这个"生命 / 游戏结束 / 继续"（lives/game over/continue）的模型是视频游戏的经典结构，它几乎在视频游戏中无所不在。在达到一个失败状态的情况下——如血值 / 时间快用完了、有一个任务目标没有完成等——玩家会损失一条命（life）。如果命用完了，用户就会看到"游戏结束"的画面。如果游戏给玩家继续下去的机会，他们可以选择使用一次。一个典型的采用"生命 / 游戏结束 / 继续"模式的惩罚结构如下。

- 失去一条生命：从上一个关键点（checkpoint）重新开始。
- 继续：从当前关卡的起点重新开始。
- 不继续：从游戏最开头的地方重新开始。

这种模式的应用在街机游戏（arcade）中达到顶峰：在不能完成游戏对自尊心带来的伤害（下次必须从头开始）和付钱以继续下去对钱包的损害之间，他们必须做出选择。不管怎么样，他们同时必须忍受屏幕上滴答作响的计时器不断给他们施加压力。这个惩罚甚至有现实世界的影响！

"枯萎"

植物是有生命的有机体，时常需要你的注意和照顾。如果一个人忘了给它的植物浇水，几个星期后，它们就会开始枯萎（枯萎的是植物，不是人）。视频游戏中"枯萎"（wither）的概念也是这么回事：游戏中某个元素的属性——比如一个武器的力量，或是一个动物的健康值——随着玩家减少与它们交互的时间会慢慢减弱。体现这个机制的一个非常好的例子就是宠物蛋（Tamagotchi）。如果玩家忘了给这个电子宠物喂食或是定期打扫，宠物的健康值和快乐值就会随着时间降低。在 Farmville 中也可以看到类似的例子，如果玩家不定期照料他们种的作物，它们的状态就会变差。

"永久死亡"（permadeath）

永久死亡（permanent death，permadeath 或 PD）是一种玩家在整个游戏里只有一条命的机制。如果玩家的角色在游戏中不管以什么原因死亡，它就是永远地死了，而玩家除了在伤心之后创建一个全新的角色从头开始以外没有别的选择。《暗黑破坏神 II》和《暗黑破坏神 III》（*Diablo* II and III）中的专家模式（hardcore mode）就采用了这样的机制：一旦玩家角色被杀，游戏就结束了，并且玩家会失去他们所有的物品、武器、属性等。《我的世界》（*Minecraft*）的专家模式则不光永久删除玩家角色，还会删除整个世界！在宠物蛋中也有这样的机制，尽管这看起来有些恐怖——如果玩家的宠物太久没有得到照料，它会死去，玩家必须从头开始养一只新的。在 MMO 行业中，不断有兆头显示一个新的 MMO 游戏将会有"永久死亡"的机制，但它们通常在游戏发布之前就被否决了。因为很多玩家实在是不喜欢他们投资了如此多时间的东西有可能永远消失，而让玩家失去兴趣意味着缺乏利润来源。

原理 77　沙盒与导轨

在沙盒（sandbox）中玩耍的孩子通过把沙子堆成不同形状来娱乐自己，直到他们感到无聊为止，而他们最终一定会无聊。这种无聊的感觉来自于他们觉得已经没有什么新东西让他们去发现了。沙盒游戏也是一样，它让玩家去探索热情广阔的世界，而几乎不给玩家提供什么方向。这种虚拟沙盒游戏的迷人之处就在于用大量的时间去探索和实验，游戏设计师们需要永远记住这个关键点。

沙盒式体验（sandbox experiences）

为了促进玩家进行这种实验，系统需要让玩家创造性地把那些独立的机制和物品结合在一起。每一个机制执行起来都应该很简单，这样玩家才能舒服地去尝试将它与其他东西结合。由此产生的新的游戏体验是一系列连锁反应，它们是对玩家聪明才智的奖励。例如游戏《侠盗猎车手》（Grand Theft Auto）让玩家把驾驶、战斗和 NPC 互动系统相结合，来产生 NPC 每一次看起来都不一样的反应。

然而，当潜在的数百个组合都是有效的，事实上我们并不可能单独处理每一个组合。开发者们优先处理好那些显而易见的组合，并且试着去预测玩家有可能会为了验证系统做到了什么程度而去尝试的边缘情况。只要处理好了这个情况，玩家会越来越信任游戏在这些方面的性能上是有求必应的，而开发者也尽可以期待在没有预料的情况下产生不可预知的结果的魅力。

尽管所有开放的世界都可以被看作沙盒，却并不是所有的沙盒都是开放的世界。对一个沙盒唯一的要求就是给玩家自由空间，在其中玩家可以自由徜徉，自由地改变

一些事情，而并没有某一个特定的改变作为明确目标。所以沙盒可以被看作是游戏中一个有着完全不同结构的小部分。另一方面，开放的世界是沙盒游戏的优秀呈现机制。重建一个真实的城市或者高度拟真的虚拟世界提供了巨大的机会让人去发现。其庞大的规模也让沙盒的物理边界得到隐藏，这会帮助玩家忘掉他们体验的局限。

需要注意的是，仿照现实建立起来的环境会让玩家期待游戏中对任何事情的处理都是写实的。比如，一个只有两类人的世界或是一个没有天气变化的城市都需要一个虚构的理由，才能避免破坏玩家的沉浸感。

导轨式体验（on rails experiences）

"导轨式体验"的游戏要求玩家以一种相对线性的方式来完成体验。这种体验的好处在于让玩家的注意力集中在特定的任务和一些关键的时刻。一个"导轨式"的游戏也可以有多条路径，玩家可以选择（自觉或不自觉地通过游戏早期的一些行为导致变化）他们要从哪个路口走下去。

保持玩家参与的力量对于导轨式体验也很重要。如果只是在看电影的途中时常遭到些让人失措的惩罚，那也太无趣了。我们可以选择设计复杂的机制或复杂的情境。解谜游戏《传送门》（Portal）就是一个典型的导轨式体验的游戏，有着简单的机制和复杂的情境，而格斗游戏《真人快打》（Mortal Kombat）提供的则是简单的情境和复杂的机制。

要了解如何控制一个导轨式体验的节奏，就要联系到两种都是基于轨道的概念：火车和过山车。火车在运行的过程中没有曲折的情节，没有转折，也不会突然改变方向。它们只是在一个较长的时间内一直做"相同的事"以保证旅途的顺利。而过山车则不一样，它通过

利用方向的突然改变、视觉上的刺激和扣人心弦的主题给人带来强烈的兴奋感。过山车的设计者们通过策略性地控制乘坐者对接下来发生事情的预期，带来刺激而令人惊喜的转折。

沙盒还是导轨？

为游戏选择一个合适的结构是在开始开发前需要做的第一个，也是最基本的决定。和其他设计上的决定一样，对这一点的明确来自于对"游戏的核心"（参见原理 41 "游戏的核心"）、目标受众（参见原理 60 "以用户为中心的设计"）和游戏"主题"（参见原理 58 "主题"）的分析。

需要注意的是，没有什么能够阻止开发者将沙盒式体验和导轨式体验相结合。事实上，大多沙盒式游戏都是以导轨式的体验开始的，以此来帮助玩家熟悉或适应游戏。而有些导轨式的游戏也在过程中不时插入一段沙盒式的体验。

沙盒式体验和导轨式体验吸引不同类型的玩家（参见原理 3 "巴特尔的玩家分类理论"），解决不同的参与（engagement）和存留（retention）方面的问题。他们不是互斥的，但是要将他们结合在一起需要很精细的考量。

不管一个游戏被设定成沙盒式还是导轨式，它在功能点上都可以是一致的。不同的只是玩家将在什么时间点以何种方式接触到这些功能点。

原理 78　持续注意力

　　不管是玩游戏、看电影、读书，还是听演讲，人类的注意力能够持续的时间是有限的。7 至 10 分钟后，不管他们多么努力地想要集中注意力，他们的大脑会转而去注意别的东西，无论是椅子的触感，一些一闪而过的念头，还是突破他们注意力障碍的其他刺激。

　　这对游戏设计师而言意义何在呢？这意味着他们精心制作的 15 分钟的过场动画将无法维持玩家的注意力；这意味着需要阅读 20 分钟的叙事段落会在某个点上让玩家失去兴趣。最终，这意味着他们需要在设计游戏体验的过程中考虑每一个任务需要持续多长时间，并且把整个体验分解成一个个 7 到 10 分钟长的段落（参见原理 71 "兴趣曲线"）。并不是说设计师将游戏体验构建成了这样易于消化接受的小段落就一定能抓住玩家的注意力，但这让维持玩家的注意力成为可能。

　　许多游戏的设计提供至少持续 4 个小时的核心体验，这意味着玩家不可能在这段时间内聚精会神地盯着屏幕，而是会被其他事情分心。设计师的工作是不断吸引玩家的注意力并且让他们的注意力保持尽可能长的时间。

　　另一方面，某些游戏的体验被设计成一个个小的段落，设计师期待玩家们在游戏上享受 10 分钟的核心体验然后再回到他们其他的事情上去。社交游戏尤其适合这种形式的游戏体验。尽管很多人每天会在社交游戏上花上一个小时，但是每一次持续的时间都很短，通常只是 5 至 10 分钟。在这段短暂的时间里，玩家的注意力会集中在游戏上，但一旦结束他们的注意力会马上转移到别处。在设计一个社交游戏时，记住所有的任务都应该控制在 10 分钟以内，如果你指望玩家能完成它。大部分的游戏循环都仅仅持续 1 至 2 分钟，提供小的、可持续的游戏体验段落。

　　对于希望带来更加可持续的游戏循环的设计师来说这并不一定是一件坏事。这只是意味着我们需要在游戏的核心循环上采取措施，在玩家热情衰减时重新得到他们的注意力（参见原理 33 "核心游戏循环"）。这些措施包括被动地每隔 7 分钟左右向玩家展示一些新的元素，比如奖励；或是主动地通过计时器来检测玩家的行动，如果玩家的注意力超过 1 至 2 分钟不在游戏上，就显示一个帮助画面或新的任务或其他内容重新吸引玩家。

原理 79　可变奖励

　　奖励告诉玩家他们做得不错，并且已经取得了某些成就。奖励有两种基本类型：固定的和可变的。

　　固定的奖励意味着固定的时间、类型和数量。比如"在一周内完成这个任务将得到50 金币"。这种类型的奖励让玩家明确地知道奖励的内容是什么，并且当他们完成了相应的任务就能得到奖励。固定奖励是一种以特定形式来奖励玩家的特定行为或成功地完成一个固定的目标的奖励方式。

　　为什么不能简单地用固定奖励来解决一切呢？玩家知道明确的目标，以及他们必须做什么来得到它。同时，玩家知道当他们完成了那个目标他们会得到的就是之前承诺的奖励，不会多也不会少。然而，让我们想象一下，如果规则设定成玩家若在规定时间的一半内完成了任务能够获得额外的奖励，比如在之前的 50 个金币的基础上获得额外的 10 个金币，玩家将会感到惊喜。这样玩家就有了动力并更加努力或是迅速地去完成任务。这种随机条件（参见原理 24 "斯金纳箱"）强烈地激励着人们去寻找规律并且完成它来达到目标。所以即使玩家没有被明确地告知他们用一半的时间完成任务能得到额外的奖励，如果这其中有一个隐藏的规律有待发现，我们依然认为这是一个固定奖励。

　　可变奖励则是不固定的。它包含了一定程度的与游戏的奖励机制相关联的随机性。在游戏中，可变奖励通常是杀死怪物或敌人时掉落的"战利品"（loot drops）。如果玩家清楚地知道某一个行为会让他们得到什么样的奖励，他们也就不会有惊喜了。失去了这些情感和变化的体验让人觉得平淡而没有吸引力（参见原理 71 "兴趣曲线"）。一定程度上，刺激和惊喜是由可变奖励带来的。有时对玩家而言，可变奖励看起来是完全随机的，或者他们会将其归因于一些复杂而微妙的力量，像是运气或因果报应。当然，可变奖励通常并不是随机的，它背后有精心设计的数据表格。而且运气通常跟游戏如何运作没有任何关系。

　　可变奖励帮助增强它所支持的游戏模式。当我们开发了一个玩家的主要任务是杀死怪物的游戏（参见原理 33 "核心游戏循环"），玩家知道他们通过杀死怪物（或敌人）能够得到奖励，但通常他们不会知道奖励具体是什么。在某些情况下，他们所得到的奖励是足够确定能吸引他们玩下去的，但又由于不确定性，会吸引他们重复不知道多少次这样的行为。例如，如果杀死一个怪物时通常会掉落它的皮毛，可有时又会掉落它的肉或是角，玩家会对他们要杀死多少怪物来收集足够的皮毛去做一件魔法长袍有一个大概的认识，却无法知道确切的数字。如果他们想收集足够数量的角来做一把弓，这个数量就更不确定了。当玩家需要一遍又一遍地重复相同的动作时，这种不确定性让事情变得更有趣。在玩家明确地知道他所能获得的奖励会是什么的时候迅速地给他一个惊喜会让完成任务的过程更令人愉快。

　　可变奖励鼓励玩家探索游戏中的空间。比如宝箱就是一个典型的可变奖励的例子。除非玩家是为了一个特殊的任务去拿到一个特殊的宝箱，一般情况下他们不会知道宝箱里装着什么，这也就能激励他们去打开它来找到答案。谁知道宝箱里可能有什么样的宝藏呢？这和现实世界中那个寻宝的人的动机是类似的：找到绝妙的东西的可能性。包含可能性的空间是非常吸引人的，它会推动玩家继续前行和探索。

要保持玩家的参与感和积极性，就使用一些可变奖励吧。这样玩家会从重复的动作中得到更大的成就感和惊喜（参见原理 30 "80/20 法则"）。

第 4 篇

解决问题的一般原理

原理 80　先行组织者

　　"先行组织者"（advance organizer）是教育领域的一种方法，用来帮助学生学得更快更好（参见原理 10 "科斯特的游戏理论"）。其概念是指先于学习任务本身的一种具有更高抽象、概括的引导性材料，用以帮助学生为下一步要学习的内容做好准备。它可以被设计来帮助学生将新的概念与他们之前已经知道的一些东西产生联系，并把一切放进上下文中去理解。它对玩家来说的意义，是让他们知道接下来会有一些新的信息或者转场。先行组织者在视频游戏中也有几种形式。

　　一个玩家可能会遇到的第一个先行组织者是"前期宣传"（参见原理 89 "前期宣传"），包括广告、试玩版、新闻报道、像 E3 那样的行业大会、预告片，以及其他宣传手段。前期宣传可以采用现实和游戏交替的形式提高玩家对即将发布的游戏的知晓度。每当玩家遇到这样的先行组织者，他们就意识到有一个新的游戏已经或者即将发布，他们急需去了解一个新的游戏体验或新的游戏知识了。前期宣传让玩家们了解这个新游戏属于哪个体裁或哪个系列，对他们在游戏中应该着重关注哪一点有一个大概的预期（参见原理 63 "注意与感知"）。

　　玩家遇到的下一类先行组织者是载入画面（loading screen）。当游戏在往玩家的硬盘复制文件和载入内容时，玩家们会看到向他们介绍至少一个游戏中人物的画面，或是其他画面让他们对接下来要看到的游戏内容有一个大致的概念，也就是为游戏内容确立一个基调。由于游戏内容正在载入，看起来没有什么事情可以做，载入画面上通常还会有各种形式的时间提示（如一个转动的球、一个计时器等）来告诉玩家后台正在工作。所有这些线索让玩家知道一些新的令人兴奋的事情即将发生，他们应该保持关注和做好准备。

　　在设计载入画面的时候，我们要注意确保它和游戏的其他部分保持一致的艺术风格。通过这个先行组织者，设计师强化了游戏如何进行下去的基调（参见原理 83 "认知偏差"）。

　　通常，游戏会从玩家无法操控的剧情片段（cutscene）开始，剧情片段给玩家提供一个背景故事，一段上下文让玩家开始游戏。剧情片段可能长也可能短，但一定会告知玩家接下来有事情将要发生，为其设立期望和悬念。剧情片段在整个游戏过程中都有可能被用到，它可以用来告诉玩家游戏的内容或场景要发生变化，意味着他们需要面对新的内容或学习知识。玩家在这些先行组织者的帮助下为即将来临的新的挑战做好应对的准备。

　　很多游戏会在玩家进入下一场景时给他们提供一个选择菜单。这个菜单就是另一种先行组织者，让玩家知道他们会被带入下一个不同的场所或游戏的另一个部分。例如，让玩家在一个结构清晰的地图上自己选择下一个目的地，这样的菜单让玩家在进入一个新环境前做好心理准备。而不是用一个简单的列表列出可选目的地的名字，这种方式仅能给玩家提供非常有限的信息，可能会让玩家觉得完全迷失方向，而不是为要去新地方而兴奋。

　　最后，当没有新的内容要介绍时请慎用先行组织者，因为介绍新内容才是它们的作用。游戏中过于冗长的载入画面会让玩家觉得很受挫，因为他们期待有新的东西出现，最终却没有。如果有这种情况出现，意味着这是一个需要靠游戏开发者的编程能力来解决的内容加载 / 存储的问题。

原理 81　功能可见性暗示

记得小时候在电梯里会把所有的按钮都按一遍吗？手指大小的圆圈、斜边、从墙壁上凸起来一点点、亮光……这些按钮简直就像在叫着喊着让你去按它。这些按钮的物理特点就向人们传达了如何与它们交互，不需要任何新手引导或是指导手册。心理学家们称这些品质为"功能可见性暗示"（affordance cues），而其作用可不仅限于电梯里。门上的横杠暗示人们去推它，竖直的把手则暗示人们去拉它。"功能可见性"（affordance）在虚拟环境中也一样强大。

功能可见性的概念最早见于 20 世纪 70 年代，主要应用于心理学。它在一些著作中被广泛应用，如唐纳德·诺曼（Donald Norman）的《设计心理学》（*The Design of Everyday Things*）。人机交互（Human-Computer Interaction，HCI）和界面设计理论通过引入"意图"（intent）作为该原理的重点，让功能可见性更进了一步。设计师需要关注它们的产品表达出来的有意的和无意的功能可见性暗示，并尽量让功能可见性鼓励用户按照设计师意图的方向来使用产品——例如若设计师希望用户去往下按一个按钮，就不要使用那些会鼓励用户往上拉它的功能可见性暗示。

这是界面设计的根本。当一个网页界面或游戏的 HUD 上排满了用斜边暗示厚度的按钮，这就是功能可见性。很多设计师会更进一步，让他们的按钮看起来可以吃并且很美味，不光从视觉和触觉上，还从味觉上吸引受众。每一个被吸引的感官都让用户想要对这个按钮做点什么的意愿更强烈，这也就提高了其功能可见性。

功能可见性是用户界面（user interface，UI）和用户体验（user experience，UX）设计中的关键（参见原理 91 "别让我思考——克鲁克的可用性第一定律"）。游戏中 HUD 和界面上的元素必须提示用户如何与它们交互。如果这个元素是一个拨号盘的形式，玩家会认为他们应该使用鼠标或手指做出一个画圈的手势来与之交互。在一个叫《我的马儿》（*My Horse*）的骑马游戏中就有这样的例子。这个 iPad 游戏在屏幕上安排了一个圆盘形的指示器，玩家必须用手指跟着它的轨迹移动来完成交互，这就让功能可见性最大化了。平板电脑引入自然的手势交互系统，为功能可见性开辟了新渠道。手指在屏幕上滑动、点击等都是自然的动作，在游戏中很容易为这些手势提供容易理解的暗示，这也就优化了功能可见性。

在游戏中，功能可见性还不仅仅应用于界面设计上。有着合适的功能可见性暗示的环境和谜题都会让游戏变得更有乐趣并且毫不费力。功能可见性可以削减玩家花在新手引导上的时间，直接引导他们完成正确的行为而不用在规则中去强调这些行为。

在用户界面的设计和排错中，尤其需要考虑到功能可见性。玩家应该进行哪个动作？玩家应该走哪条路？环境中的每一个元素都会影响玩家在可能空间中的功能可见性。如果需要引导玩家从一个地点走到另一个，在这两点之间铺上一条路或是一块地毯好让这条路线清晰明确。只要应用得当，功能可见性能让一个游戏变得非常好玩，而不至于沦落为一场逻辑的灾难。

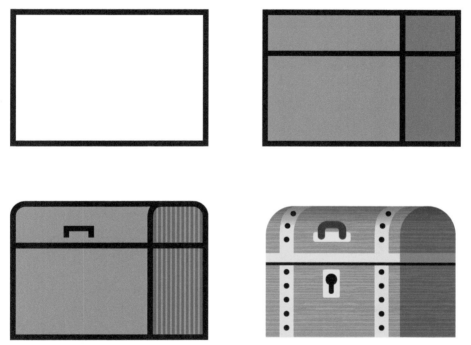

一个空白的四边形不包含足够的功能可见性暗示来提示玩家对其做出任何特别的动作。而当我们加上越来越多的功能可见性暗示——颜色、阴影、把手——我们期望玩家所做的行为就变得越来越清晰。和面对空白四边形的迷惑不同，玩家本能地就知道他们应该试着去打开这个宝箱。

原理 82　巴斯特原则

常常在游戏中，游戏的设计者无意中给了玩家惩罚，因为他们把游戏设置得太难了（参见原理 76 "惩罚"）。当然，有时候加大游戏的难度是为了带来 "自豪"（fiero）的感受，或者 "困难趣味"（hard fun）（参见原理 11 "拉扎罗的 4 种关键趣味元素"），但是如果玩家已经非常努力地在尝试了，却缺少运动技巧去完成游戏的要求怎么办呢（参见原理 68 "玩家的错误"）? 我们应该让这个玩家由于无法完成他们之前本来非常享受的体验，而愤怒又挫败地离开这个游戏吗？有多少玩家由于他们的手指移动得不够快始终无法赢得 boss 战，而无法继续他们喜欢的游戏？在这样的情况下，即使是作弊攻略也无法帮助他们。如果他们身边没有一个十岁的孩子可以帮他们打过这几分钟，他们没人可以求助，只好输掉战斗，在挫败感中退出。挫败和愤怒不应该是我们留给玩家的感觉。当玩家离开游戏的时候，他应该由于完成了某些事情而充满满足感（参见原理 96 "成就感"）。

巴斯特原则（Buster principle）很简单：对你的玩家好一点。当玩家明显尝试了很多次去完成一个任务的时候（在现代的视频游戏里这一点应该很容易被追踪），试着把这个任务变得稍微简单一点。我们甚至不用改变这个任务，仅仅是减低一点点难度，就能造成我们是让一个玩家在房间里愤怒地扔出去遥控器，还是让一个玩家带着成就感欣喜若狂地将自己的拳头挥向空中这样的差异。

巴斯特原则是由一只名叫巴斯特·基顿（Buster Keaton）的粉红凤头鹦鹉发明和示范的。它在与它的主人玩敏捷游戏时一直留心观察主人是否感觉到受挫。它知道当人类恼火和烦躁的时候往往会从这个让他感觉到受挫的活动中走开。这只鸟想让游戏尽可能长时间地进行，所以当它感觉到主人的受挫感上升时，就会为游戏降低一点难度来让主人感觉到成功。这样的调整非常微妙，以至于主人花了不少时间，在很多局游戏过后才意识到这只鸟在她想要放弃的时候为她降低了游戏难度。

所以巴斯特原则的基本概念是让游戏来自动调整（在玩家不知情的情况下进行后台调整）一个特定技能的难易程度，来适应玩家的能力，或者玩家的受挫程度。

这并不是建议把所有的游戏变得容易。只是我们要认识到把游戏做得非比寻常的难对玩家来说不是一个好的体验。我们的目标应该是为玩家创造出好的体验，而不是开发一个困难的游戏来证明我们是多么聪明的游戏开发者。

Infocom 公司早期的文字冒险类游戏就是以其谜题难以置信的困难程度而闻名的。这些谜题太难解了，以至于围绕着它产生了一条完整的产品线，也就是 Invisiclues——一系列配有隐形墨水笔和编号了提示的图书来帮助玩家解答谜题。答题线索中的问题刚开始很隐晦，而后来越来越直接（参见原理 44 "补充规则"）。电脑游戏在这之后发展了很长一段时间，而现在游戏开发者已经可以很容易地测知一个玩家在解决一个问题上花费了多少工夫，总有更好的解决方案来避免给玩家造成过度的烦恼。简而言之，不要折磨玩家。先扔给他们一个容易解决的问题，接下来给他们奖励鼓励他们继续尝试。

原理 83 认知偏差

所有的玩家都会把自己的心理成见带入游戏。这些成见把"发生了什么"扭曲成"我觉得发生了什么"。每个人都是一个独立的个体，天生就有自己的认知方式。不同的人会对刺激产生不同的理解，并给以不同的反应。不过，一些特定的规律对绝大多数人是适用的。这些心理的成见在所有人身上以相似的方式起作用，影响他们对事件的理解，塑造他们对结果的感受。

总的来说，这些心理成见就是"认知偏差"（cognitive bias）。虽然有各种各样不同的认知偏差，其中几种会特别强烈地扭曲玩家对游戏的认知。

"确认偏见"（confirmation bias）也许是被引用得最多的一个。简单来说，确认偏见就好像是"看，我告诉你了吧！"人们普遍倾向于那些与他们已知的信息一致的信息，即使他们已知的信息是错误的。例如，在读到一个新故事时，人们往往更容易被他们已经相信是真的事情吸引，而排斥那些挑战他们原有观念的事物。在游戏中，人们更容易注意到那些与他们先入为主的观念相符合的人物、地点和事件；相应的，他们容易去忽略，甚至根本注意不到那些与他们的观念不相符的东西。

当为了做一个决定或解答一个问题搜寻信息时，人们往往依赖于可得性启发（availability heuristic）。因为他们没有办法同时处理所有信息，他们脑子里那些首先出现的东西就得到了他们的特别重视。他们相信如果你能记住它，那意味着这件事是更重要的。那些充满感情的事件比起那些平淡无奇的事情尤其容易首先浮现在脑海中。

一类可得性启发叫负面偏见（negativity bias）。负面的经历往往包含了更多的情绪起伏，也就更容易被人记住。正是因为如此，人们往往更重视负面的事件。例如，人们在玩流行的拼字类游戏（如 Scrabble 或 Words with Friends）时可能会对那些纯元音或纯辅音组成的单词的出现概率有错误的印象，从而对整个游戏单词的随机分配概率产生不真实的印象。他们更容易注意到这些纯元音或纯辅音的词，因为相比那些元音／辅音混合的词这些太难了（尽管元音／辅音混合词出现的几率远远高过这些词出现的几率）。

另一种类型的可得性启发是近期偏见（recency bias）。近期偏见是指人们总是更重视最近发生的事情。因为人们很难对长时间以来发生的事情进行累加和统计分析，他们把重点放在他们能记住的事情上。最近发生的事情不仅容易被记住，而且当与其他认知偏差（如确认偏见和负面偏见）结合在一起时，它们还容易让人误认为一些新的趋势形成了，尽管那只是一些随机发生的事件。

锚固偏见（anchoring）就是一种典型的近期偏见。当人们得到了关于某件事的一条信息，他们会将后续得到的所有信息都关联到这条信息——也就是"锚点"上。比如，如果一个人看到一件商品的原价是 80 块，优惠价是 50 块，他会比只看到 50 块这个价格的情况下更加认为 50 块是一个不错的价格。这是因为他们会想"现在比之前便宜了 30 块"，即使他们知道之前的价格是不恰当的。

我们如何包装一条信息也会使人们对同一条信息产生不同的看法，包装信息的方式包括采用不同的措辞，或用不同的方式传递。比如，同一条信息采用积极和消极的措辞，会让人们推断出完全不同的结论。在游戏中，信息的包装有很多不同的方式，比如通过不同的用户界面展现，为故事或对话选择不同的措辞，甚至只是采用特殊的颜色和声音。

库里肖夫效应（Kuleshov effect）向我们展示了另一种类型的信息包装方式。这个术语最早应用于电影剪辑，但它也可被应用于游戏。原本的库里肖夫效应实验将一个面无表情的演员的脸放到 3 个不同的场景中去（一碗汤，一个死去的孩子，一个美丽的女人）。尽管在 3 个场景中这张脸是一模一样的，人们却认为这个演员在这三个场景中分别表现了恰当的表情——饥饿，悲伤和欲望。这说明，在为模糊或不明显的信息做判断时，人们会去从附近的信息中寻找那里应该是什么，然后相信那里确实就是什么。在游戏中，我们可以把零散的信息拼在一起以让玩家相信这里有什么或没有什么。例如，只有一些非常简单行为的人工智能角色，突然用一些短小（经常是随机的）对白让自己看起来像是有聪明的决策制定能力，像是"嘿，有人在吗？"或"噢，我被击中了！"

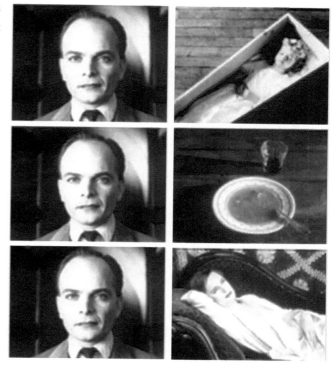

库里肖夫实验中使用的从电影里截取的图片。观众认为演员的脸分别与 3 个图像出现在一起时，表达了三种不同的情绪，而事实上，这是这位演员的同一个特写镜头出现了 3 次。观众们看到的是他们想要看到的东西。

Kahneman and Tversky's "Outbreak"

There is an outbreak of a virus that affects 600 people. You have to select which one of two experimental treatments to administer to the entire group. Because you only have the time and resources to administer one solution. The estimates of their efficacy are listed below.

Group 1:

Program A:
200 people will be saved

Program B:
A 1/3 probability that 600 people will be saved, and a 2/3 probability that no people will be saved

72% chose A

Group 2:

Program C:
400 people will die

Program D:
A 1/3 probability that no one will die, and a 2/3 probability that 600 will die

78% chose D

Mathematically, A = C and B = D. However, because of the framing of the words "will be saved" vs. "will die", people's perceptions are different enough that they will select a different program.

原理 84　占优策略

占优策略（dominant strategy）指的是在游戏中常被采用的，非常成功的一种以可预测的方式取得胜利的策略。占优策略出现在游戏中通常有以下几种成因：

- 偶然的，由于设计师在设计平衡上的疏忽；
- 意外的，由于玩家的某些行为或性格导致；
- 有意的，通过有意识的设计选择产生。

占优策略在各种单人和多人游戏中都有可能出现。因此，设计师有责任鉴定和识别所有游戏中的策略，特别是要解决那些可能会对玩家享受游戏的过程带来负面影响的游戏策略。

在大多数游戏中至少有一个占优策略存在。因此，游戏设计师必须知道这个原则，并决定在你的设计中是接受还是拒绝它。由于游戏设计追求保持一个"公平"（参见原理 5 "公平"）的经济系统，而占优策略对此产生威胁，解决的办法就归结到了寻求平衡。当一个游戏开始变得像例行公事，失去了趣味性，或是变得过于简单，或许就是占优策略失衡惹的祸。

当一个单一的策略变得过于强势和被偏爱而使得游戏失去了其多样性，问题就出现了。比如玩家有多种配置可以选择，但他们总是选择同样的人物角色，武器，或玩的方式，那么这个游戏的设计会让人觉得单调和陈旧。在这样的情况下，玩家会觉得无聊，并且离开。当一个单一的策略会破坏玩家的兴趣，让他们失去学习和参与的动力，以及"兴趣曲线"（参见原理 71 "兴趣曲线"），你必须重新设计或拿掉它。"加倍和减半"（参见原理 66 "加倍和减半"）变量可能是你平衡战略和玩法的第一个步骤。

然而，占优策略并不是就对游戏体验完全没有好处。有时设计师会培育占优策略，尤其如果它只是暂时适用，或者不是那么难以逾越。通过提供一个均衡的占优策略，你能让你的玩家感觉到他们拥有智慧、力量和成功。调整占优策略的关键是理解和权衡这个策略相对于现在的规则和其他策略而言有多么强大。所以，是的，我们可以在恰当的时候利用占优策略，这可以给玩家带来一种暂时性的主导和无所不能的感觉。但是如果这个状态持续得太久，玩家可能会因为游戏没有挑战性而退出。

要设计一个周密、良好的占优策略，需要确保它给非占优策略使用者不会带来太大的劣势。比如，在 FPS 中，占优策略可能是给喜欢手榴弹和近距离炸药的玩家。通常使用这些武器造成的伤害足以杀死一至两个对手，而飞溅损伤还有可能在意想不到的情况下杀死一些对手。而且抛投手榴弹和放置近距离弹药相对使用枪支精确地射击而言要少一些技术含量。要平衡这一策略并设计与之能够想抗衡的策略，设计师可以提供一些能降低爆炸物效果的方法。这可以包括一些游戏机制的调整，比如探测爆炸物的方法，可以抵抗爆炸物的防具，或者射程超过手榴弹爆炸区域的远距离攻击武器。

请注意在前面的例子中，技能等级在占优策略的选择上是有影响的。例如，新玩家在学习地图和其他玩家玩法的过程中可能更喜欢爆炸型的攻击方式，因为这往往更容易执行，对精确性的要求也更低。而当玩家对游戏更加熟悉，他们可能会抛弃爆炸型的策略，转向追求更高精确度的其他策略组合。这些有经验的玩家的策略可能偏向远程武器，比如狙击枪。请记住，占优策略是以技能等级、玩家与"学习曲线"（参见原理 72 "学习曲线"）的互动，以及与对手的战略为前提的。

尽管在游戏中允许占优策略存在是有风险的，值得一提的是，有一些游戏的确由于占优策略而受益。如《光晕·战斗进化》（*Halo：Combat Evolved*）中使用 M6D 手枪（M6D pistol）就是一个不平衡的占优策略，但是它没有破坏单人或多人的游戏体验。《星际争霸》（*Starcraft*）中使用"虫族速推"（Zerg Rush）是一个很有效的，可能是占优的策略，但它不是万无一失的。在这些游戏中，一个熟练的玩家可以战胜这些占优策略并从中获得主导的快感和成就感，不过这需要练习和熟练度。也许你可以认为这些例子中的游戏体验是"有趣，但不完整的"，但是不可否认这是两个非常高水平的游戏，并且它们在允许了占优策略的情况下依然发展良好。

另一种在设计上利用占优策略的方法是充分利用其重点在于控制某种特殊的力量、武器、生产单位或特殊的优势地形这一事实。这将在游戏中创建热点和瓶颈，在不需要用到结构化的等级设计的情况下将玩家分流，但是但仍然能将他们聚集在一起互动，产生冲突、回报、满足和快乐。再次强调，处理占优策略相关的设计的关键，是平衡占优策略和其他策略之间的关系，留下轻微的不平衡和人为因素发挥的空间。

占优策略：带着一把机关枪去参加刀具格斗

原理 85　菲兹定律

在 HCI 的研究中，人体肌肉的运动与精度之间的权衡被称为菲兹定律（Fitt's law）。换句话说，人朝向一个目标移动得越快，这个移动的精度就越低，这可以用一个数学模型来预测。如果需要使用控制器（如鼠标），这个权衡对游戏设计来说就非常重要。对玩家与目标交互的速度与精确度的要求可以被设置在不可能完成的水平或至少非常困难的程度。最简单的情形是，目标越大、离玩家开始移动的起始点越近，人们就可以越快速、越精确地指向它。

菲兹对指向的任务，也就是远在个人电脑发明之前，一些玩家就需要使用他们的光标不断做的动作有着特别的兴趣。在他对指向的描述中有 3 个起作用的参数：第一是到达指向的目标所需要的时间，第二是从起始点移动到目标中心的距离，最后是目标的宽度。这 3 个因素中的每一个都影响着玩家是否能完成这个移动。

虽然菲兹的模型只考虑目标的宽度，显然其高度也很重要。一个目标有可能尺寸很宽，却只有 1 像素的高度（一条细线），相对于一个更成比例的目标对象，我们还是很难去点击它。

对该定律最明显的应用是在战斗和瞄准的时候，然而，一个不那么明显但却可能更重要的应用是在 UI 中。UI 元素应该被安排在靠近用户可能开始一个点击行为的地方，而且应该足够大到让用户需要时能够很容易地定位并点击它。如果 UI 元素的设计让用户不得不时常绕过很远的距离去点击，用户会感到疲劳和沮丧。其原理很简单：一个目标越接近，使用它就越容易。

把界面中功能类似的元素组合在一起会让用户更容易找到它们。另外，让类似功能的按钮之间距离更短也让它们更好用。最后，把用户常用的 UI 元素做得大一些也会让用户使用起来更容易。

当涉及战斗和瞄准移动物体时，设计师必须考虑到人类能力的限制。诚然，如果我们的目的就是让游戏更难，我们需要考虑的限制是受试者中速度最快的一个。每一组测试对象中应该都至少有一个能力超强的受试者，能轻易解决最困难的挑战。

菲兹定律可以被总结为：一个人朝着目标移动的速度越快，这次移动的精度就越低。
所以当核心游戏循环中同时包含速度和精确性时，清晰简单的控制是必不可少的。

原理 86   基本归因错误

有人在一条繁忙的公路上开着车，他们要去参加一个会议，已经有点晚了。这时他们看见前面有一辆老凯迪拉克在他们的车道上缓慢地行驶，他们已经离那辆车越来越近了。"拜托，真磨蹭！"他们咬牙切齿地发牢骚。他们好不容易超了那辆凯迪拉克的车，达到了一个舒适的行驶速度。这时他们从后视镜发现一辆跑车离他们越来越近，都快撞到他们的后保险杠了。他们换到另一个车道，而跑车以看起来非常惊人的速度从他们旁边飞驰而过。"疯子！"他们喊道。

当然，他们似乎没有意识到的是，对那辆凯迪拉克而言，他们才是"疯子"；而对那辆跑车而言，他们才是"真磨蹭"的一方。如果有人这样告诉他们，他们会说"才不呢！我去开会要迟到了，所以我才要超那辆慢吞吞的凯迪拉克。但我也不会像那辆跑车一样开得那么鲁莽！"他们用他们所处的特殊情况来解释自己的行为，却会给路上的其他司机冠上"鲁莽"或"慢性子"的帽子。

另一个例子，如果一个学生在一场考试中失败了，他会这样抱怨："我也没办法呀，我的兼职工作这周每天都要加班。"而他的导师看法却不一样："要是我的学生没有那么懒惰，能够花时间去学习就好了。"这位学生把他考试的失败归因于他的特殊情况，而导师却将之归因于这个学生的性格。

这就是心理学家所说的"基本归因错误"（fundamental attribution error）。人们几乎普遍习惯于为自己的行为找原因，却把别人的行为归咎于他们的品格，而非他们所处的情境。研究者发现即使人们知道自己在这么做，他们也很难停止。

这听起来像是只适用于实验室的理论，但是它对游戏设计有重大影响，比如以下情况：

当一个游戏测试的受试者对游戏的体验不理想时——受试者会归咎于游戏本身——当然他们不会归咎于他们自己。也许他们由于昨晚睡得太少，或是没吃早餐，或是心思都在工作或恋爱上，根本没理解怎么玩儿。但他们不会想到这些理由。

设计师会理直气壮地责怪受试者："提示信息在暂停菜单里呀！他们怎么能看不到一直在闪的教程图标呢？"对设计师而言，显然问题在于受试者太笨。设计师还有可能抱怨实施测试时的情况："我讨厌我们不得不用一个未完成的版本来进行测试。"设计师给自己找的原因要不就是受试者个人有问题，要不就是当前的情况有问题。

当为人类的行为寻找原因时，我们要分外小心这些大家都会有的本能反应，将这些行为归因于某个人的天性特点而不是外部的原因。在之前的例子中，也许那个教程的图标真的不够明显。也许游戏本身真的需要改进。而我们不正是为了这些才会去做游戏测试的么？

所有人在对错误成因的认识上都会有或多或少的偏差。如果这是他们自己的失误，他们会考虑减轻因素，如系统延迟或控制器不好，总之会怪到外部因素。但如果是看到别人犯错，人们会倾向于忽略减轻因素，认为一切都归罪于个人的缺点。如果我没射中一个很容易的目标，那是因为系统延迟；如果你没射中一个很容易的目标，那是因为你是个糟糕的射手。当我们分析游戏测试的结果时，我们需要考虑到这些基本归因错误。

原理 87 黄金比例

黄金比例（the golden ratio），又称黄金分割（the golden mean），是一个来自于数学和艺术的术语，它描述的是较大的数量（a）与数量的总和（$a+b$）的比例等于较小的数量（b）与较大的数量（a）的比例。用代数公式表示如下：

$$\frac{a+b}{a} = \frac{q}{b} \equiv \varphi$$

希腊字母 φ 代表这个比例，它的值是 1.61803398875。这个值在建筑学上经常出现，也不断在自然界中被发现。自从被希腊人发现以来，它就经常被作为一个指导比率。其常见表达形式是一个矩形，其短边等于 a，而长边等于 $a+b$。

早在公元前 450 年，雅典帕台农神庙的雕像就是依照这个比例建造的，古代的很多经典建筑也是一样。直到今天，很多建筑的修建依然参照了这个比例。

那么现在，这个比例和我们的游戏设计有什么关联呢？

就像艺术家利用黄金分割来为他们的作品构图一样，游戏设计师在设计和比例有关的事物时也应该牢记它。无论是使用斐波那契数列（渐进接近黄金比例）来构建一个进程的曲线平衡，还是设计一个操作界面，黄金分割都应该被考虑，或者至少作为指导。

比如，在创建一个长方形的游戏板时，其比例应该遵循黄金分割。这样的比例天生就能取悦玩家。如果设计师在游戏中建造建筑物，并希望玩家自然而然地被它吸引，他应该利用黄金分割去设计。在游戏中，任何事物，只要以任何方式使用到比例，我们都可以用到黄金比例。

反过来也同样成立。为了使玩家对一个建筑物感到不舒服，我们可以在其比例构成上放弃或者弄乱黄金比例。这样，玩家会在看到它时感到不适，甚至不知道为什么。这个方法可以用在一个整体的建筑上，也可以用在一个单独的房间或者是走廊上。

同样，在设计用户操作界面时，参考黄金比例去分配其中的元素。用这样的方式分配的界面元素会让用户觉得舒适和自然。如果想让用户感觉到不安，创造一个违反黄金比例的页面。这会让用户依然被其吸引但是感觉到不明原因的不适。

原理 88 破坏者

"助人者"（Samaritan）是那些会为了社交意义上的回报特意去帮助其他玩家的人。这种类型的玩家通常在自己已经达到中级以上的水平之后就把他们的大部分时间花在帮助其他玩家上，比如帮助他们疗伤、远程帮助他们打怪。这是一种 MMO 中的行为模式，这样的玩家类型没有出现在巴特尔的玩家分类中，我们却时常可以见到。这些玩家的行为不会直接在游戏中得到奖励，却会从其他玩家那里得到社会回报，比如建立更好的社会关系和其他玩家的赞扬。

与这些"助人者"相对应的反面角色就是"破坏者"（griefer）。破坏者以使其他人在游戏中的生活变得困难为乐。他们会做他们能想到的任何事情来破坏其他玩家的心情，直接毁掉他们的游戏体验。杀死其他玩家就是破坏者行为中的一种。他们发现，除了杀死怪物他们还可以杀死别的玩家，从"尸体"上拾获战利品，并能做其他让他们开心的事比如从"尸体"上跳过去。

大概有 3% 的玩家可以被归入这一类。他们用自己的人物阻挡别的玩家进入建筑（如果 3D 碰撞检测机制允许）；他们"抢人头"（kill steal，他们在别的玩家战斗的最后一秒冲进来给敌人最后一击，这样杀死的怪算他们的，同时也可以抢走战利品）。他们无所不用其极地让别的玩家不高兴。

有些破坏行为堪称艺术。玩家会找到游戏中可供利用的地方（允许他们作弊的漏洞），然后小心地留下 IP 地址的线索指向敌对公会头上。

破坏者竭尽全力地去造成其他玩家的痛苦。在无限制杀玩家的服务器，有人可能会守在玩家进入游戏的地点并且在他们刚进来这个游戏世界的时候就杀死他们。在这样做了两三次之后，他们会要求玩家加入他们的公会，这也可算是一种公会招人的技巧。另外一个很好的例子是，在一个被围墙围起来的城市中，由一组玩家把城市大门用堆积的箱子堵住。而另外一个门，所谓的"叛逃者之门"，其宽度一次只能通过一个玩家。当有玩家试图离开这个城市的时候，第二组玩家就在门外等着，他们一出城门就把他们杀了。这样整座城市都被他们当作人质。

破坏者还会间或去给开发者捣捣鬼。比如在有一个游戏中，一个玩家发现他可以把月亮从天空中拿下来，放进自己的物品仓库（inventory）。这破坏了游戏中所有人的天空体，特别对开发者来说很头痛。

尽管破坏者在玩家中只占一小部分，但他们的数量依然可观。如果一个游戏有 100 万玩家，3% 就是 3 万人，这 3 万人执着于破坏其他 97% 玩家的游戏体验。奇怪的是，破坏者们都很忙，但他们作为玩家群体中一个非常小的部分能带来的破坏远超过你的想象。

针对破坏者最大的难题是如何在不奖励他们的前提下缓和他们的行为。对他们而言，给他们坏名声，比如把他们放在狂野西部的通缉令上，对他们而言反而是种奖励。很多开发者认为对付破坏者最好的办法，就是在明确了一个玩家是破坏者之后，如果他明显没有改变行为方式的意愿，就直接将他从这个游戏中永久驱逐出去。也许有人会担心利润的损失。在破坏者身上损失的利润只是整个利润中很小的一部分，而让他们留在游戏中，从长期来看开发者需要花费更多成本来处理无穷无尽的客户投诉。对付这类玩家最简单、最直接、最便宜的办法就是将他们从游戏中驱逐。

原理 89　前期宣传

一般来说，玩家对游戏的期待基于他们从前期宣传（hype）中得到的信息。和"认知偏差"（参见原理 83 "认知偏差"）类似的是，这些信息对玩家带来的影响会被他们从精神上、情感上、心理上带入游戏。这些信息可能是真实的，也可能是想象的；可能是有意传播的，也可能是无意的。当然，玩家接触到这些信息可能是在他们直接接触游戏之前。例如，玩家可能会根据市场宣传、这个系列之前的游戏、同样体裁的其他游戏，对他们将在这个新游戏中有什么样的体验有一系列复杂的期待。然而，前期宣传不仅仅是一个在游戏本身之外使用的原理，设计师也可以利用它来左右玩家在游戏中的想法和感受。

这个概念最早属于市场营销的范畴。比如，告诉人们一个即将发行的游戏将会引起轰动就是一种宣传炒作。多数人会在事先没有过目的情况下对游戏的美术、复杂性、范围有所期待，就是因为这些经常被讨论。类似的期待也可以来自于游戏的体裁（"射击游戏""地牢游戏"……）、设定（"幻想游戏""太空游戏"……），或甚至是开发它的公司（如"一个典型的【公司名字】游戏"）。例如，"一个【某大游戏公司】开发的史诗般的，开放世界的角色扮演类的幻想游戏"和"一个【某独立创业游戏工作室】开发的抽象平台跳跃类游戏"就会给玩家带来截然不同的期待。人们可能会推断出这两个游戏中哪一个有更长的游戏时间、更好的美术设计、以及一个基于故事的叙事线索，然后他们在第一次坐下来玩这两个游戏的时候会带着这样的期待。

这里的关键是：只要带着期待去做一件事情，人们通常会自然而然地从这件事情中看到和感受到他们所期待的东西——即使它是不存在的。这在心理学上被称为安慰剂效应，但其作用不仅限于像小糖片那样。如果告诉玩家游戏中的某样东西是对他们有利的，他们通常会产生这样的体验。例如，如果玩家角色获得了一个魔法武器，他们可能会放大该武器所具有的好处，将他们后来的成功部分或全部归功于此。你可以通过一些与性能和机制完全无关的东西来放大这种不实的信念——例如令人印象深刻的图形、引人注目的效果，或在游戏的叙事中讲一个关于这样东西的神秘故事。

安慰剂的反面就是"反安慰剂"——玩家如果在遇到一样东西前就有了关于它有害的预期，那么不管这样东西是否有害，它都会认为它是有害的。这种反安慰剂效应可以对某些具体的玩家体验造成影响，如"我走得更慢了，都怪我脚上这双全是烂泥的靴子！"也可以影响整体的游戏体验："这个评论者是真心不喜欢这个游戏，我也是。"

通常，游戏设计师（国内公司通常称为游戏策划）可以利用前期宣传转化玩家对游戏世界的认知，将一些实现起来很复杂的机制用相对简单的办法做出来。例如，射击游戏中写实的战斗人工智能就很难做好。玩家可能会相信级升得越高碰到的敌人就会越"聪明"，因为设计师让这些人工智能随着升级能承受更多的攻击。其实这些人工智能在做决定方面没有任何改变，它们只是死得没有那么快了。玩家感受到的却是一个"更聪明"的敌人

（而不是一个"皮更厚"的），因为前期宣传让他们相信关卡难度越高这些人工智能敌人就越高级。在这种情况下，对前期宣传的利用让开发者们为玩家呈现了一个他们事实上可能由于时间或资金的限制没有开发出来的功能。

当然，宣传炒作也有其消极的一面。如果人为烘托起来的期待不能得到满足，当玩家意识到这一点时，用户体验会以惊人的速度崩溃。到那个时候，就会发生相反的效应——玩家会相信事情比实际上还要坏，因为他们已经变得多疑、愤愤不平，安慰剂也就变成了反安慰剂。

玩家根据对游戏先入为主的看法，可能对完全相同的游戏产生完全不同的体验。前期的市场营销宣传和其他因素在玩家开始游戏之前就已经为他们定下了基调。

原理 90　即时满足与延迟满足

"史密斯先生，你确定你要花 60 美元购买这个游戏吗？明天我们有促销活动，买一送一！"

人们工作是为了挣钱，挣钱是为了购买消费品。视频游戏产业就是追求这样的利润的典范。视频游戏以技术作为平台，每天以惊人的速度向世界提供更多的内容。而消费者也会更快地接触到这些内容。人们对信息的需求更大，生活节奏更快，也更容易对他们购买的东西感到厌倦，从而构建了一个追求即时满足的社会。在现代的重大技术发展发生之前，比如互联网和智能手机出现之前，人们愿意为自己想要的东西付出更多的努力，并且对它们更重视、考虑得更慎重，在得到它们时也就更高兴。

即时满足（instant gratification）和延迟满足（delayed gratification）在我们匆忙行动然后等待的生活中经常出现。饿坏了的人急于得到食物，却需要排队等候点单，或在桌边坐下等着服务生，然后再等着食物上来之前的热饮。在游戏产业中，我们也可以在一个游戏的上市第一晚（"opening night"）看到这样的情况。如果一个游戏将于午夜在一个商店首次发售，商店开门之前几个小时门口就排上了长长的队，顾客们这么做是为了在游戏发行的第一时间就能买到它。在这一天买到游戏的玩家（寻求即时满足的玩家）将会以下几种方式阻碍寻求延时满足的玩家购买这个游戏：不好的评论；游戏被抢购一空；或是由于网上瞬间出现大量的游戏截图和相关信息而毁掉对游戏的期待。

从开发者的角度，这种行为是他们在设计游戏时需要的附加信息。追求即时满足的玩家往往急于将游戏打通关，这样他们就可以进入多人模式，解锁更强大的物品来出售，或是从新玩家身上得到好处。他们在网上或好或坏的评论对游戏销售而言可能是促进也可能是阻碍。但是，追求即时满足的玩家们通常被外在的原因所驱动，他们对游戏本身的享受要少于追求延迟满足的玩家。追求延迟满足的玩家们会在购买价格、游戏评论和网上内容等基础上做出明智的购买决定。他们也会花更多的时间来探索游戏的各个方面，因为他们更多的是被内在原因驱动来玩这个游戏。

从游戏设计师（国内公司通常叫游戏策划）的角度，从这两种不同的行为中能得到很多启示，并且有很多的游戏类型就是在考虑到这些的情况下被创造出来的。多人模式是为那些想要随时加入并且只想玩游戏某些方面的玩家准备的，而故事模式则需要玩家完整通过一段旅程。RPG 和回合制游戏（turn-based game）是为延迟满足型玩家量身定制的，因为玩家将他们自己沉浸在角色的个性化、升级、能力的提高中，这些行为需要好几个小时去完成，他们却只是为了在完成之后体验两分钟的行动。

乐趣和沉浸感也是游戏设计师需要考虑这两种不同玩家类型的原因。如果一个玩家太快得到了一个过于强大的物品，他们会觉得这不是通过自己的努力得来的，就会过度使用它；而如果一个玩家太晚才能得到一个物品，这个游戏对他而言或许太难了，让他很难去享受。如果玩家走过一个废弃的被毁坏的仓库，发现所有的门都是锁上的并且他们没有办法打开，他们也会失去沉浸感。如果所有的门都是打开的也是一样。通过"游戏测试"（参见原理 52 "游戏测试"），设计师们可以对如何平衡即时满足和延迟满足玩家的不同游戏风格有一些认识——有些玩家会马上查看所有的门，有些会等着找到能开门的钥匙，有些会等着游戏中出现提示告诉他们可以打开那些门。虽然找到完美的平衡是很难的，但总有一些方法能够帮助平衡它们。

视觉线索、与 NPC 的对话、声音线索和故事线都在为游戏的每一级、任务、物品掉落、得到物品、升级等设定节奏。我们最好在整个游戏的过程中不断估量和调整它们来让游戏保持新鲜感。这也是"游戏化"（gamification）起作用的地方。当开发者加入游戏化的元素（gamified element）如排行榜、物品升到一定级别后的攻击力提升、徽章奖励等，由于这些元素能帮助玩家沉浸在游戏中，因此也就可以解锁成就，从而增加了他们对延迟满足的需求，提高了他们的游戏体验。

这两种行为特点在游戏中的体现如下。

即时满足：这种类型的玩家是侵略性的，追求快速，在游戏里更容易死。他们喜欢经常升级，选择容易的路线，进攻性的玩法，喜欢不断向前运动的游戏，在游戏里不喜欢回到他们已经玩过的区域。他们在短时间会去玩更多的游戏，在耗时长的游戏里会做出糟糕的选择，常通过尝试和试错来完成游戏，在某一关的某个部分遇到困难无法通过时很容易感到沮丧，在游戏的运动中有良好的反应和把握时机的能力。

延迟满足：这种类型的玩家是防守型的，在游戏里活得更长，购买和玩的游戏数量相对较少但是每一个玩得比较久。他们享受为了一个目标努力的过程，会去体验游戏的各个方面，使用策略，对升级也有计划，做选择的时候会考虑到对游戏其他部分的影响而不仅仅是对手头的敌人或是关卡，面对解谜元素时思路清晰。

原理 91　别让我思考——克鲁克的可用性第一定律

史蒂夫·克鲁克（Steve Krug）的可用性三定律（three laws of usability）非常有名，而这些定律的基础是他认为人们总是不会以设计师所期望的方式来使用界面。用户通常不会在作出选择之前去阅读说明，或者仔细理解和权衡摆在面前的各种选择，而是先快速扫视整个界面，找到最直接的，看起来有用的链接，然后选择它。他们希望得到马上就能用上的信息（参见原理 95 "满意与优化"）。用户会在这个首先看到的，"已经足够好"的路径上一直继续下去，只要他们的行动（通常指点击链接）看起来在让他们接近自己的目标。当他们觉得这样下去得不到他们想要的结果时，他们会原路退出并且试着寻找其他的路径，或者直接放弃。为了避免造成沮丧和放弃，我们在设计界面和游戏时应该将用户这样的行为作为指导性的准则。设计师应该优先考虑简单的导航和清晰的反馈，以使游戏给用户留下一个积极的、持续的印象。

克鲁克指出了三条定律，其中的第一条可用性定律是最深刻的。他的表述非常简单：

定律一——别让我思考。

由于太多人会尽量避免去阅读（甚至是去找）说明文字，一个好的界面必须是直观的，不言自明的，明显且一目了然的。要做到这一点有两个关键。

■　**简洁性**

一个界面中的每一个元素都应该被归结到其最基础的本质。用户会忽略冗长的描述、愚蠢的笑话和巧妙的比喻（参见原理 65 "细节"）。他们只想要他们真正想要的东西，而不是由某些自认为了解他们的设计师告知他们需要什么。所以我们应该关注 HUD、计分板、奖励机制和"核心游戏循环"（参见原理 33 "核心游戏循环"）的清晰性和简洁性。玩家最直接与游戏交互的地方，也就是他们会直接用手接触或者直接点击的地方，应该特别简单和直接，让体验变得透明。如果玩家需要去思考他下一步要点击哪里，或者是要怎样拿着卡牌才是对的，或者是要使用控制器上的哪一个按钮，他们就没有闲暇去想你的游戏是多么有趣。他们甚至会想到相反的方向（参见原理 99 "工作记忆"）。

■　**一致性**

优秀界面设计的第二个标志是一致性。尽管玩家在游戏过程中期待并且感激一定程度的惊喜，但他们不喜欢在操作界面中出现"惊喜"。有相似功能的按钮应该出现在屏幕的相同位置，有同样的视觉处理，同样的功能可见性（参见原理 81 "功能可见性暗示"）。如果两样东西看起来比较相似，玩家就会认为他们是一样的。同样，如果两样东西看起来不一样，玩家会认为他们是不同的。所以如果重播按钮通常是黄色的，玩家会认为所有黄色的按钮都跟重启游戏有关。而如果重播按钮的颜色每次都不一样，玩家会觉得受挫并且有可能因此退出游戏。这一点不仅在游戏的操作界面上有效，在游戏的各个方面也是一样。如果两个敌人外观或行为是相同的，玩家会认为他们是相同的（参见原理 43 "格式塔"），而不会停下来去思考他们之间的细微差异和上下文。

最后，我们要记住的是，设计师不应该要求玩家去搞清楚下一步怎么做或者怎么走。正如克鲁克的定律所说，如果人们必须要去思考这个，那么他们已经离开了。

请记住，这不意味着我们要放弃挑战、神秘或谜题。这仅仅意味着我们要清楚地向玩家传达我们的终极目标是什么，使它们透明化。比如，当玩家进入一个没有明显出口的房间时，这是一个有待破解的谜题，还是一个应该避免的死胡同？不要让玩家思考这样的问题，表达清楚这是哪一种情况。这样他们可以直接进入得到乐趣的那一部分——无论是解谜还是探索，取决于前面那个问题的答案。

克鲁克的其他两个可用性定律对界面设计也非常重要，但是在广泛的一般意义层面上它们的应用范围相对没有那么广。

定律二——我不介意我需要点击多少次，只要每一次点击都是不需思考的、明确的选择（参见原理 55 "风险评估"和原理 95 "满意与优化"）。

定律三——去掉一半的文字。然后再剩下的一半文字中再去掉一半（参见原理 66 "加倍和减半"）。很多人在需要阅读文字时会感到一定的挫折感，特别是大段大段的文字。阅读需要思考，然后……好了，参见定律一。

原理 92　音乐与多巴胺

很多人都有过在听一段音乐的时候非常放松的感觉，这是一种奇怪而又出奇地令人享受的感觉。这种感觉是由大脑释放多巴胺带来的，有研究发现听音乐能触发多巴胺的释放。

多巴胺是一种神经递质（neurotransmitter），在它被释放时会让人产生愉悦或享受的感觉。它与大脑中的"奖赏系统"（reward system）密切关联。"奖赏系统"释放多巴胺作为对各种生物所需刺激的反应，如食物和性，以及对奖赏的预测时的反应——当一个人或者动物预感到奖赏的到来时（例如当你听到你刚刚得到了一个奖时的喜悦心情，或者当巴普洛夫的狗[1]听到铃响时的感觉）。

正如前面提到的，音乐可以触发多巴胺的释放，但并不是任何节奏或旋律都能做到这一点。多巴胺受体对于重复会很快适应，这就是为什么一首用了过多重复的歌会让人觉得无聊。大脑可以将一首歌带来的新的、令人兴奋的变化作为一种奖赏来接收。事实上，人们发现当主体接受到的奖赏比他的预期还要大时，大脑会释放更多的多巴胺。期望也有助于促进更大的奖赏回应。每天在你最爱的餐馆吃饭带来的满足感肯定远远比不上时隔 4 个月后再回来。

这样的效果在音乐中有不同程度的应用。在古典音乐中，一首歌或者一段音乐中经常有一个固定旋律出现不止一次——有时候是有些微不同的并且会用令人惊讶的方式（不同的改编，从大调到小调等）。在现代音乐中，在一首歌曲的副歌部分最容易发现这样的情况，副歌通常被认为是一首歌最引人入胜的部分。主歌、桥段和其他部分则有意安排得相对低调，变化不那么丰富，这样歌曲可以让听者一直在翘首期待歌曲副歌部分高潮的到来。如果一首歌的 4 分钟全是副歌，它对听者带来的冲击会相对小，对多巴胺水平的影响也就小。

这跟视频游戏有什么关系呢？一个好的游戏设计师（国内公司通常称为游戏策划）除了关注如何创造强大而有趣的游戏玩法，还要考虑如何保证对玩家情绪的有效掌控。音乐和声音设计对这一点至关重要。如果在重复的基础上有足够多的变化，并且使音乐有足够的张力，让玩家有所期待，相似的模块（旋律、改编、拍子等）可以用来达到非常好的效果。让玩家保持关注也是游戏设计中很重要的一方面，而丰富的音效可以大大有助于达到这个效果。

尽管在音乐设计时不应轻视重复的作用，设计师应该确保整个曲调在小的、渐进的变化（如，在相同的三和弦的进程中，鼓的重音略有变化，有不同乐器的插入和淡出）和大的、戏剧化的变化之间的平衡，然后在建立起受众的期待情绪后回到共同的主题。一些游戏中的事件——如《塞尔达传说》（*Legend of Zelda*）中打开宝箱，或《超级马里奥兄弟》（*Super Mario Bros*）中打完一关——触发的小旋律和主题有时也能帮助这些事件给人得到奖励的预期。进行这些行为，特别是当悦耳的音乐与之关联，能让玩家将这些事件与非常

1　著名俄国心理学家巴普洛夫（Ivan Petrovich Pavlov）用狗做过一个实验：每次给狗送食物以前打开红灯，响起铃声。这样经过一段时间以后，铃声一响或红灯一亮，狗就开始分泌唾液。

愉快的体验相联系。多巴胺的释放和随之产生的愉快感受是玩家玩视频游戏的主要原因之一，而音乐是这其中一个非常重要的组成部分。

原理 93　节奏

如果一个体验只是一遍又一遍地重复同一个动作——即使这个动作带来的是源源不断的搞笑闹剧或惊悚的恐慌——它带来的情绪也只能是无聊。最好的游戏（以及喜剧和恐怖片）会在迭起的高潮之间给受众喘息的空间。受众在一定的时间点需要一个庇护来给他们安全感，让他们在再一次被推到情绪巅峰之前给他们时间来喘息。这种在高点和低点之间的起伏就是"节奏"（pacing），它是保持受众参与感的关键（参见原理 71 "兴趣曲线"）。

西方娱乐界认为节奏是基于以下几个部分建立起来的。

- **发展速度**：主角（玩家）遇到当前行动的节奏 / 时机。
- **冲突**：主角（玩家）感受到危险的程度。
- **威胁或悬念**：主角（玩家）遇到的危险。
- **继续的动力**：主角（玩家）继续下去的意愿程度。

这些元素都是相互重叠的，如果在"游戏测试"（参见原理 52 "游戏测试"）中发现游戏的节奏有问题，我们找原因的时候需要在每一个元素上下功夫。

令人沮丧的是，这就像西方传统中对好的节奏的描述。人们期待创作者凭着直觉就能创造好的节奏感，并且能够调试上述元素直至它们"感觉上"可以了。

幸运的是，全世界各地的创意工作者几个世纪以来都在思考这个关于节奏的问题。14世纪日本能剧大师世阿弥（Zeami Motokiyo）[1] 为理想的节奏提出了一个范式，他将其称为"序 - 破 - 急"（Jo-Ha-Kyu）：

- **Jo（序，也就是开始）**：这是整个过程的开始。这个时候，场景 / 行动 / 主题的能量处在一个非常平静和克制的状态，但是慢慢开始积蓄；
- **Ha（破）**：Jo，也就是"序"时期开始积蓄的能量已经建立起一种紧张感，并且最终突然达到"破"的程度并迅速进入更激烈的行动时期。这样的时刻在西方有时被称为情节逆转或主要情节转折；
- **Kyu（急）**：Ha，也就是"破"时期的能量持续爆发，直到有一个最终的动作释放了在这一点上聚集的所有能量和情绪张力。这可以被看作西方叙事理论中临近结尾的高潮。

有一个例子可以从视觉上帮助阐述这个概念，那就是水流。在开始的阶段（Jo，也就是"序"的阶段），水流小小的，很漂亮。它以恰到好处的路线流动着，并没有很大的压力。随着水流不断前行，它慢慢积蓄成水流湍急的大河（Ha，也就是"破"的阶段）。在经过各种曲折之后水流终于来到了一个悬崖边，水流变成瀑布奔泻而下（Kyu，也就是"急"的阶段），其气势让人感到惊叹。关键的是这一势头将继续下去。在瀑布下方的水池中水流平静地停留（Jo，也就是"序"的阶段），然后重新开始这一循环。

1　世阿弥（Zeami）是日本室町时代初期著名的猿乐演员与剧作家，其本名为元清（Motokiyo）。

"序 - 破 - 急"（Jo-Ha-Kyu）表达了运动感和一个有着好的节奏感的故事或体验带来的满足感之间的关系。它告诉我们如何避免得到一个像是"这个游戏有些部分很拖沓，我都开始觉得无聊了"这样含糊的评论。它向我们指出了一个推动情节发展的动态方式，而不是停留在静态的地图上。

世阿弥认为所有事物在本质上都或多或少体现出这个模式，我们应该将其在艺术领域广泛应用，尤其是在能剧中。在演员的动作、对话和音乐的发展以及场景的结构等方面我们都可以利用它。

在视频游戏的关卡结构中常常本能地用到"序 - 破 - 急"（Jo-Ha-Kyu）的节奏形式。每一个关卡刚开始的时候比较容易，碰到的敌人主要也都是引导性的（这是 Jo，也就是"序"的阶段）。随后关卡中谜题的难度或对手的实力不断增长，情节的转折开始出现（这是 Ha，也就是"破"的阶段）。直到玩家遇到 boss 开始 boss 战，难度有一个显著的提高（这是 Kyu，也就是"急"的阶段）。一旦玩家打败 boss，这一关就结束了，同样的模式又在下一关开始展开。

游戏《太空入侵者》（Space Invaders）也是一个将"序 - 破 - 急"（Jo-Ha-Kyu）的节奏应用得特别好的例子——游戏首先从平静的氛围开始，到中间的时候难度慢慢上升，最后变得十分疯狂，直到玩家解决这个问题（暂时的）一切重归平静。

就像在能剧中一样，游戏里即使是很小规模的行动也体现出"序 - 破 - 急"（Jo-Ha-Kyu）的节奏。《洛克人》（Mega Man）中主角武器从上好弹药到开始攻击的过程，《街霸》中"隆"（Ryu）的波动拳,《真人快打》（Mortal Kombat）中各种打死敌人的过程等都是采取这样的节奏。在任天堂的经典游戏《拳无虚发》（Punch-Out）中，人物角色先是来回地躲避攻击（这是 Jo，也就是"序"的阶段），然后找时机出拳，或是蓄势待发（这是 Ha，也就是"破"的阶段），直到最后终于对里特尔·马克（Little Mac）出招（这是 Kyu，也就是"急"的阶段）。不管从哪个层面，"序 - 破 - 急"（Jo-Ha-Kyu）都是绝大多数节奏问题的答案。

"Jo..."   "Ha...."

"KTUUUUU!!!

原理 94　解决问题的方法

游戏设计很大程度上就是解决问题。不论是如何让一个有功能的游戏变成一个好玩的游戏，还是如何给项目找赞助，解决问题都排在设计师每天待办事项表的第一位。他们也从另一个角度来处理"问题"——发明和创造有趣的问题（也就是挑战）给玩家去解决，并且调试这些问题来让每一个问题的解决方案都和其他的产生关联，从而组合出一个合乎逻辑的发展（参见原理 64 "平衡和调试"）。

游戏设计师（国内公司通常称为游戏策划）需要清楚地了解人类是如何解决问题的，这可以帮助他们更快地撰写设计文档和解决游戏玩法中的问题，而同样必不可少的是当设定难度等级和玩家的参与时，他们也需要能够预测玩家解决问题的行为。设计师必须在做得不过分明显的前提下牵引他们的玩家走向成功解决问题的策略（参见原理 62 "先行组织者"，原理 89 "前期宣传"和原理 83 "认知偏差"）。

参见本书最后附录中关于解决问题的方法的列表。

每一个问题都有很多不同的方法来解决。如制作清单、绘制图表、找到最薄弱的一环、将问题用数字来表达……请参考本书附录中的更多建议。

原理 95　满意与优化

古典经济理论认为人们做决定的过程，不管是有意识还是无意识的，大致都是这样的：

1. 将所有可能的结果列出来；
2. 给每一个可能的结果一个发生的可能性；
3. 将每一个可能的选择根据其结果赋予一个值；
4. 选择最优结果。

以买甜点为例，买一个热巧克力圣代要花 1 美元，能得到 3 美元的幸福感，而买一个香蕉船要花 2 美元，能得到 1 美元的幸福感。显然大家会选择圣代，因为它提供更多的价值和优化的结果——得到的价值比花出去的钱要多。古典经济理论认为人们将优化他们的选项并且总是选择热巧克力圣代。

然而真正的人类并不是这样做决定的。要搜集所有的信息并适当地优化每一个变量太耗费时间，也太复杂或者是不方便。也许在一些特殊情况下，比如好不容易省下钱来买一个甜点，人们会仔细衡量每一点。但如果是大家每天都要做的事情，比如决定要穿什么——没有人会在早上穿衣服的时候去制作一个表格，将衣柜里每一件衣服按适穿的温度、时尚潮流分类，列出一个冲突矩阵，或将过去七天他们穿过的衣服列表。这种费时费力，追求完美解决方案的方法通常不会出现在绝大部分日常的决定上。

相反，人们在这种事情上追求满意即可。他们根据经验或者需求的本质选择第一个让他们满意的结果，以尽量接近最优方案。还是用那个甜点的例子，如果香蕉船更容易得到，或是能更快做好，一个人就有可能选择香蕉船，因为这让这位选择者与他期待的结果足够接近。在选择穿什么的问题上，人们通常根据几条非常简单的规则做决定，比如哪件是干净的，并且根据过去的经验它适合出席这个场合。

满意即可的好处是它对一个人来说比优化要来得容易得多。在设计游戏的时候，在一个满意即可的问题上不要逼迫玩家去追求优化。以下就是几个游戏设计的过程中涉及到满意与优化的例子。

- 在面对游戏中的谜题和挑战时，玩家通常会采取满意即可的思路来找到最快、最简单的办法，而不是试图去寻找最优的方案。例如，如果去网上找一个攻略视频比他们靠自己来解决一个极其棘手的谜题，玩家通常会选择找攻略这一捷径，而不是按照设计意图去充分体验。这不是作弊的问题，只是玩家要衡量他们的时间和注意力花在这里是否值得。

- 游戏开发者的工作总是面临诸多的限制条件（参见原理 51 "三选二：快速，便宜，优质"）。在这种情况下，优化的思路是不现实的，而满意即可的思路则非常适合用来决定最后要上哪些功能，某一个元素要优化到什么程度，有多少时间可以用来让游戏变得完美而不仅仅是"足够好"。

- 在涉及到多个玩家合作的游戏中，如果玩家个人的努力最终是为了提高达成团队目标的机会，他们通常会对自己结果追求满意而不是优化，特别是当明显不可能每个玩家都能得到最优结果的情况下（参见原理 17 "纳什均衡"）。

每个人的人格特质对这个过程是有影响的。有些玩家喜欢优化（参见原理 3 "巴特尔的玩家分类理论"）而会避免满意即可。所以理解目标市场还是一如既往地重要。关于满意与优化的算法已经在经济学、决策理论、博弈论中得到广泛发展。它是由赫伯特·西蒙（Herbert Simon）在 20 世纪中叶推广普及的。

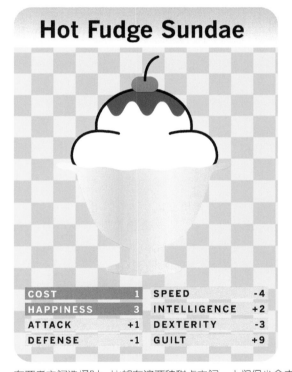

Hot Fudge Sundae

COST	1	SPEED	-4
HAPPINESS	3	INTELLIGENCE	+2
ATTACK	+1	DEXTERITY	-3
DEFENSE	-1	GUILT	+9

Banana Split

COST	2	SPEED	-2
HAPPINESS	1	INTELLIGENCE	+4
ATTACK	0	DEXTERITY	-1
DEFENSE	-2	GUILT	+7

在两者之间选择时，比如在这两种甜点之间，人们很少会去衡量所有可能的变量然后小心翼翼地去优化结果。相反，他们根据经验法则和明显的好处。比如，关注在价格和幸福感上，来获得一个让自己满意并且与最优结果足够接近的结果，而省去漫长的考虑时间。

原理 96　成就感

生活中有一些事情会让人感觉到成就感。当一个婴儿第一次站起来时，当一个人在 Bingo 游戏中喊出"Bingo！"时，你都能从他（她）的脸上看到这样的表情。在游戏中，成就感会驱使一个玩家继续游戏，而缺乏成就感可能会让玩家离开。

成就感来自于完成一件让自己满意的任务，这有可能是一件让玩家觉得有一些困难或挑战的任务。这种情绪的极端情形被称为"自豪"（fiero）——这个词被用来形容克服一个极富挑战的障碍后的心情。人们在这样的时刻通常会把自己的拳头向空中挥舞，或是将双拳举向空中表达胜利（参见原理 11 "拉扎罗的 4 种关键趣味元素"）。在游戏中这些时刻是让用户投入其中并融入游戏的情境而不至于感到挫折、无聊或是压抑（参见原理 71 "兴趣曲线"）的关键。

我们可以把成就感看作老鼠的食物小球。研究人员用小鼠做实验时常会将食物小球当做它们完成任务的奖励，如当它们成功推动杠杆或走出迷宫时（参见原理 24 "斯金纳箱"）。这些小奖励让小鼠在完成研究人员给它们设置的下一个任务时保持动力。在游戏中，如果没有成就感为其提供持续的、积极的激励，玩家将会拒绝继续下去。如果游戏设计师在游戏中持续不断地提供平稳、渐进且具有一定挑战性的目标让用户去完成（参见原理 64 "平衡和调试"），用户在这个过程中感受到挑战，那么当他完成任务得到奖励时，这个奖励也会比完成一个十分简单的任务所得到的奖励更让他觉得满意，即使两者的奖励是一样的。也就是说，挑战的重要性决定了用户是否觉得满意。（参见原理 10 "科斯特的游戏理论"）

成就感的关键在于愉悦和实现，而这需要实际付出努力。如果通过一个简单的，鼠标单次点击的动作就能获得奖励，那么这个奖励也许没有那么让人满足。而一个相对复杂的任务及其带来的有意义的奖励给你带来的感受是一个单次鼠标点击的动作无法比拟的。前者带给人一种紧张感，而这种紧张感会随着任务的完成而解除。这种紧张感正是那些简单任务无法带来的。

在任务的难易程度上做出平衡是设计游戏的艺术的一部分。如果每项任务都是一个挑战，玩家可能会太过压抑并且感到气馁。相反的，如果每一个任务都过于简单，玩家会觉得越来越无聊。只有在任务的难易程度上有了一个好的平衡（参见原理 64 "平衡和调试"），游戏给玩家带来的成就感才能不断持续下去。在挑战和无聊之间保持平衡是一个微妙的过程（参见原理 38 "心流"）。如果这个平衡把握得当，对玩家而言，成就感将会接踵而至，而他对游戏的参与感会更强（参见原理 71 "兴趣曲线"）。

一个在教学中常用到的行为模式（参见原理 10 "科斯特的游戏理论"）对详细剖析成就感的传达过程做出了尝试，这就是约翰·凯勒（John M. Keller）提出的"ARCS"，这四个字母分别代表如下含意。

■ **注意力（attention）**
这里的"注意力"指受众或学生的努力或意愿。

■ **关联性（relevance）**

这里的"关联性"是指使用受众或者学生已经熟悉的术语或例子。对受众或者学生使用他们已经熟悉的元素来解释新的元素或技能，能够很好地让他们了解这些新事物和他们之前的经验有何关联。

■　自信（confidence）

自信是指提供一个积极的成果和反馈的过程，这个过程让人们了解他们已经成功地吸收新的技能或信息。

■　满足感（satisfaction）

满足感是达成学习目标带来的奖励。它可以简单如一句表扬，也可以复杂如"自豪"（fiero）。

ARCS 模型的关键在于，人们会因为知识是有价值的而主动去学习，而导师（或者我们的游戏）的任务就是用易于理解的方式去证明这个价值。当学生（或者玩家）认识到他们已经获得了这个新的，有价值的技能，他们就会感觉到满足——或者说成就感。

一个容易打败的敌人或是一项容易获得的技能永远不会带来像真正的成就感那样的情感冲击。

原理 97 空间感知

空间感知是指一个人对自己在空间中所处的位置以及其与周围的事物和环境之间关系的认识。它通常在视频游戏描绘的空间中起作用。一些桌游也会用到它，但这在很大程度上需要靠玩家的想象来达到目的。关于建筑和环境能够影响人类的体验和情绪这一点最初看起来是违反直觉的，但经过对真实案例的直接观察得到了确认。

下面的每个类别描述的都是一种已经被建筑师有意识地利用了几个世纪的人类体验中的真实现象。对真实的建筑和城市起作用的规律在虚拟世界同样适用。

对人类心理的积极影响

■ 了望 - 庇护

"了望 - 庇护"（prospect-refuge）是一个硬币的两面。一方面，人们对一览无余的环境（了望）显示出明显的偏爱。人类本能的某些部分在能看到或听到周围的任何威胁的情况下感觉更安全。所以当遇到一个视野开阔的空间，如山顶上时我们会感觉到深深的吸引和满足。

另一方面，人们也喜欢能够提供隐蔽的场所（庇护）。喜欢能够隐藏的地方同样来自人类心灵深处追求安全的本能。如果能够从远处看到危险来临可以让多疑的本能感到满意，那么找到一个任何威胁都无法靠近的藏身之处也会让其感到同样高兴。

■ 大教堂效应

"大教堂效应"（cathedral effect）是天花板的高度和人们的思考之间的显著关系。当人们发现自己处在一个天花板很高的房间时会更容易做更具体的和细节导向的思考。天花板越高，他们就能思考得更好。这个效应的名字就来源于人们数个世纪以来在宗教场所对它的应用。人们在高天花板的建筑里能感觉到视角被提升，思维更清晰。

对人类心理的消极影响

■ 旷野恐惧

旷野恐惧（agoraphobic）跟前面提到的了望的概念有关，但旷野恐惧是对这类广阔、开放的空间的一种病态恐惧。要利用这种焦虑，可以随着开阔的视野让玩家产生脆弱感。从机制上来讲，这样的环境让玩家在寻找庇护或是为各种攻击寻求掩护的行为上缺乏选择，或是只有非常有限的选择。这些空间通常可以让玩家受到来自敌方狙击手、首领、远程迫击炮的袭击或是空袭。

■ 幽闭恐惧

让人产生幽闭恐惧（claustrophobic）的空间从形式上来讲是狭窄、逼仄的。当玩家意识到他们被困在一个小空间并面对一个严重的威胁时他们会感觉到焦虑。从机制上讲，这些环境通常还包含一些可供藏身的地方，以及潜在的秘密入口。相反，有时候最简单直接的方法是最好的，也就是说将玩家被困在直面敌方视线的地方。这两种做法都会让玩家感受到危险靠近的恐惧。

深入而复杂的世界

当然，真实的世界不只有单一的空间结构，它是由各种各样不同的建筑类型组成的。将不同的环境类型相结合能够将玩家推向一个线性的体验（参见原理 61 "路径指示"），走上一条规划好的线路并且给他们提供有趣的冒险。以下是一些帮助将不同环境有效组合的策略。

■ 防御空间

防御空间是一种平衡，它们不过度逼仄也不过度开阔。从机制上讲这样的环境既能方便地去到了望空间又能方便地去到庇护空间。从外观上，这样环境中的建筑特点能够传达价值感和所有权。这样的空间通过能够让玩家方便地进入对他们有利的位置，让玩家在自己的领地上感觉到拥有、控制以及对抗敌方的力量。

■ 光线设计

和以上列出的所有原理一样，光线设计是一门已被研究了多年的学科。一个短小的总结很难给它一个精确的描述。简而言之，光线是操纵环境的有效工具。比如，人类在模拟日光的光线下感到更安全和快乐。而他们也会被温暖的，黄色的，类似火光的光线所吸引——特别是在整体较暗的房间里。光线还能通过亮度和颜色变化，让人的注意力集中到一个特定的角落或空间。

在有宽阔的视野能看到周围地形的环境，人类就会在心理上觉得放松、安全和开心。这就是"了望 - 庇护"概念中"了望"的一面。

原理 98　时间膨胀

　　爱因斯坦的相对论里，时间膨胀是一个用于如下现象的术语：两个事件之间的时间间隔，在两个相互运动或在重力场中不同位置的观察者看来并不相同。本质上，时间不仅仅是在两个观察者看来不同，它实际上对于他们也是不同的。

　　虽然人类不常能感觉到实际上的相对论的时间膨胀，在游戏中知觉上的游戏膨胀却是真实存在并且经常发生的。这种体验可以被描述为在进行某种活动时时间被"拉长"或"飞逝"。"快乐的时光总是短暂的"这一说法就是一种知觉性的时间膨胀的表达。周五上班的最后一个小时感觉特别的长也是一种常见的知觉性的时间膨胀。在这两个例子中，客观地讲时间根本就没有改变，一个小时还是一个小时。改变的是我们关于时间如何流逝的感知。

　　通常情况下，当玩家沉浸在游戏中时，他可能一抬头就惊讶地发现已经过去了一小时或更长时间，而他自己还觉得只过了几分钟。这种时间膨胀的体验和"心流"（参见原理38"心流"）发生时的情况类似。我们可以认为玩家已经达到了心流，这个挑战的挫折感和参与感之间的平衡恰到好处。

　　俄罗斯方块的玩家经常感受到时间膨胀，他们本来只打算玩几分钟，却一不小心玩了几个小时。这类时间膨胀发生的时候，玩家感受到的时间比真实的时间流逝得要快多了。在许多最好的游戏里都会出现这样的情况。就像追求任何乐趣时一样，时间过得飞快。

　　当测试一个游戏时，玩家可能会觉得时间被拉长了，这当然是跟游戏制作者的期待相反的。如果这个游戏设计是好的，有趣的，时间膨胀应该以一个积极方式出现而不是消极的方式。

　　很多时候，当玩一个复杂的 RPG 时，玩家会被没完没了的叙事弄得很烦，在厌倦和无聊地情绪下不停按着"下一条"的按键。对这些玩家而言，时间膨胀就是以一种消极的方式在进行。如果玩家抱怨时间被拉长了，这是一个明确的信号说明游戏制造者没能找到游戏设计师（国内公司通常称为游戏策划）所追寻的那难以捉摸的有趣元素。如果玩家玩得享受，时间应该是飞逝的。

原理 99　工作记忆

　　心理学家把人类的记忆分成两类。长期记忆（long-term memory）就是，尽管已经 10 年没有玩过这个游戏了，当你拿起《超级马里奥兄弟》（*Super Mario Bros*）的遥控器时你依然完美地记得怎么操作。工作记忆（working memory）就是当某人告诉你他的电话号码时，或学习一个新游戏如何操作时你所使用到的记忆。

　　所有的记忆都首先存储于工作记忆，然后，如果我们的大脑意识到我们需要记住它们超过几分钟的时间，它们就会被转移到长期记忆。

　　工作记忆不是很耐用。一个经验之谈是一个人的工作记忆平均只能同时记住 4 件事。当我们向玩家介绍一个新的控制模式或记忆力谜题时，我们会发现这很有限。幸好我们有办法让这 4 件事的功效最大化。例如，当人们试图记住一个电话号码时，他们不是将每个数字单独记忆，而是按照心理学家所谓的 "区块" 来记忆的。区号是一个区块，中间的三位数字是一个区块，最后的四位数字是最后一个区块。所以这个号码只占用了工作记忆中的 3 个区块，加上这个号码的所有人的名字，正好是四个区块。这条信息一共是 10 个数字加上一个名字，但是我们的工作记忆不至于过度负荷。

　　工作记忆的另一个限制就是时间。如果这条新的信息不马上被重复地想起或使用，我们就会忘掉它。

　　我们在设计游戏的时候要考虑到工作记忆的局限性。想要在新手引导中一次教给玩家 9 件新的事情可能会行不通。他们的工作记忆没有那么大的空间来一下子容纳这么多信息。他们最先学到的会被后来学到的覆盖，当他们完成新手引导真正开始玩游戏时，他们将不会有足够的信息来让他们觉得成功。更好的办法是在游戏过程中按照一定的步调一步一步向玩家介绍新的机制或操作。这样就给了玩家足够的时间让他们把这些信息内化成长期记忆，这时再给他们的工作记忆灌输新的信息。

　　这就涉及到 "学习曲线"（参见原理 72 "学习曲线"）的概念。那些有着陡峭的学习曲线的游戏将工作记忆的应用发挥到极致，它们要求玩家学习很多新的东西，才能在游戏中得心应手。这种在前期需要很多学习的游戏包括《矮人要塞》（*Dwarf Fortress*）、《黑暗之魂》（*Dark Souls*）、《星战前夜》（*EVE Online*）、《英雄联盟》（*League of Legends*）。有着平滑的学习曲线的游戏不一定意味着它的功能或深度就更少，但是它们对工作记忆的要求没有那么高。这类游戏包括大部分 Facebook 上的社交游戏，很多赛车游戏，还有《NBA 嘉年华》（*NBA Jam*）。

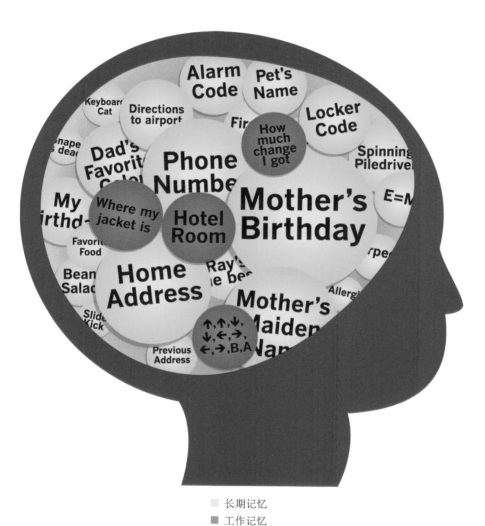

■ 长期记忆
■ 工作记忆

新的信息作为一个一个"区块"存储于工作记忆中。如果不马上重复使用，它将不会被转移到长期记忆中去，而是会被更新的信息所取代。

原理 100　零和博弈

在一个零和博弈中，获胜方的收益和失败方的损失是完全相抵消的。只要在一个可能的结果中得失不是相抵的，这就不是一个零和博弈。扑克牌游戏就是一个零和博弈，这个游戏中任何一个玩家的收益都和另一个玩家的损失互相匹配。在游戏中我们既没有办法赢得超过下注金额的钱，也不可能输掉超过下注金额的钱。因为输赢比例是固定的，一个零和博弈中的所有结果都是"帕累托最优"（参见原理 18 "帕累托最优"）的。

"石头剪刀布"（参见原理 22 "石头剪刀布"）游戏也是一个零和博弈。每一次石头剪刀布，都一定有一个人赢，一个人输（除非是平局）。如下表所示，石头剪刀布每一局游戏的总得益都是零：

	石头	布	剪刀
石头	平局（0，0）	布胜（-1，1）	石头胜（1，-1）
布	布胜（1，-1）	平局（0，0）	剪刀胜（-1，1）
剪刀	石头胜（1，-1）	剪刀胜（1，-1）	平局（0，0）

"囚徒困境"（参见原理 20 "囚徒困境"）就不是一个零和博弈，因为双方可能同时"赢"或者"输"，而且双方的刑期之和不为零（事实上能马上获释的只可能是其中一个玩家）：

		囚徒 B	
		合作	不合作
囚徒 A	合作	每人获刑 6 个月（-1，-1）	A 获释，B 获刑 5 年（0，-10）
	不合作	B 获释，A 获刑 5 年（-10，0）	每人获刑 2 年（-4，-4）

零和博弈问题可以用"纳什均衡"（参见原理 17 "纳什均衡"）或者混合策略来解决。混合策略在一系列游戏中的使用使最小得益率高于单局游戏，从而打破了单局游戏的固有平衡。在"石头剪刀布"（参见原理 22 "石头剪刀布"）的例子中，混合策略就是每局比赛随机选择石头、剪刀或者布，这样有三分之一的可能赢，三分之一的可能平局，三分之一的可能输。这样平均的最坏情况比单局最坏情况要好，所以在多局游戏的情况下混合策略的优势就显示出来，它让每个玩家都有 33% 的可能性获胜。这种战略就叫"极小极大"，因为它增加了玩家所能获得的最小得益（参见原理 16 "'极小极大'和'极大极小'"）。

非零和博弈就不如零和博弈这么单纯，因为可能同时有多个玩家赢或者输，或者所有的玩家可能同时赢或者输。适用于零和博弈的策略，比如一些经济学或社会心理学模型，就不见得适合复杂的非零和博弈。全球热核战争就是非零和博弈的一个很好的例子，因为所有的参与者都可能输，"游戏"发生后没有人能比"游戏"之前的状态要好。

约翰·冯·诺伊曼（John von Neumann）和奥斯卡·摩根斯坦（Oskar Morgenstern）在 20 世纪中叶的研究表明，每一个零和博弈都有一个"极小极大"的解决方案，并且基于随机选择的混合策略总是能提高最小的回报，即使是在纳什均衡不存在的情况下。

附录：解决问题的方法

关于解决问题的方法在很多领域都有过研究。以下列出了很多相关的方法，但这不是一个完整的列表。它来自不同的学科和领域，在此列出是为了提供灵感以供将解决问题作为一个独立学科的进一步研究，同时也对正在进行的游戏设计中的问题提供一些关于解决方法的具体建议。

此外要记住的是，很多方法最好是结合在一起或者是迭代着使用。例如，当我们确定了一个问题的范围，有时候就明确了下一步要做的事情就是寻求专家的帮助。或者，如果"跟着钱走"这一招不管用，再试一次，但换成跟着行使权力的人走。

制作清单

解决一个大项目或大问题的常用方法是将之分解为小的部分，或者是步骤，将这些部分或步骤按顺序制成清单，然后开始一个个将完成了或解决了的部分从清单上划掉。

找到固定模式

很多问题都有一个存在于其结构中的隐藏的固定模式，或存在于其他地方的反射模式。如果我们找出这些模式并加以分析和利用，就能解决，至少也能缓和问题。

逆向工作

对终点没有一个清楚的认识，就很难达到它。所以有时候解决问题的最好办法就是清楚地定义出来一个理想的最终状态是怎样的，然后将其解构，逆向工作，将它与最开始的状态联系起来。这样我们就得到了一个通往成功的路线图，不再需要盲目地一头扎进问题中。

制作表格

如果一个问题，或其中包含的数据可以被改写或重新组织成一个表格，通常解决方案会变得更清晰。要制作表格，我们就必须将元素归类，因为表格必须按照行或列来排布。这样由于元素被合并或重组，它们之间的关系也就变得清晰。这个工作可以很简单，比如我们可以重新排列组合购物清单，将可能被放在同一货架的东西排在一起，以此加快一趟慢吞吞的购物之旅的速度；也可以用列表法来解决一个复杂的演绎逻辑难题。这些难题用特定形式的表格来鉴别丢失的信息。就像在真值表和解决方案矩阵中事物的相互关系会变得明晰，因为每个人能够和他的角色相互匹配。比如我们要解决这样一个问题：某人的孩子的哥哥是张三的叔叔，而你需要基于张三和卖鹦鹉给张三侄子的李四之间的关系来找出鹦鹉的主人。

画一张图

从新的角度来看一个问题通常能带来解决问题的曙光。有时候把问题转化为一个具体的东西，如使用图像，就能帮助我们找到解决方法。详细的图标也能帮我们生成高效的计划，比如一张新建筑的蓝图就能帮助我们解决一共需要买多少块砖的问题。不管怎样，试着将问题用一个新的系统或思路来表达可以是一种强大的解决问题的方法。

先猜测再检验，也就是科学方法

科学方法的核心跟一个命名更随意的解决问题的方法其实一回事儿，这个方法就是先猜测再检验（guess and check）。也就是说，对于结果可能会是怎么样的做一个合理的猜测，然后通过实验来验证这个猜测是否接近正确。注意，在使用这个方法时迭代很重要。几乎没有猜测（或假设）是绝对正确的，通常当出现少了什么或有什么乱了的情况时，可以再走一遍这个流程重新猜一次，再检查一次准确性。

"跟着钱走"

当面对一个现实世界中的神秘或混乱的事件时，侦探和记者们常用的解决思路无非是"跟着钱走"。这也就是说，仔细分析谁能从这个有问题的状况中获利，这往往揭示了任何的秘密，并且能提示解决它的方法。能够当作线索的不仅仅是金钱和动机。通常，将注意力集中在一个元素上并且清晰地确定这个元素在整个问题的范畴中的位置能够帮助解决问题。

制作流程图

这在解决动态的问题或是需要达到一个移动的目标时尤为有效。流程图能帮助理清整个流程和因果关系并将之可视化。一个游戏设计的文档总会包含至少一个流程图。

改写问题

有时候认知偏差会让我们困在看问题的某一个角度上，从而无法看到解决方法。换一些新的词语来描述这个问题就足够了。其实谜语的本质就是这样的——将一个简单的表达用模糊的、让人惊讶的方式来改写。如果这样做行得通，那反过来也可以。有时候一些看起来很模糊和让人惊讶的事情如果换成用更简单或清除的词语来描述，就会变得通俗易懂，明显很好解决。

确定问题的范围

偏离正道而走入死胡同会严重影响和妨碍问题的解决。在定义清楚问题到底是什么，不是什么之后，我们才能把解决问题的努力花费在有用的方向上，而不至于在无用但有趣的路径上徘徊。

先解决类似的问题

有时一个问题看起来似乎无解，但如果团队转而解决一个与之相关的其他问题，这个问题的解决方法可能就自己出现了。例如，平衡国家预算看起来像是一个不可能完成的任务，但平衡家庭预算由于数字末尾少了很多个 0 看起来就简单多了。平衡家庭预算用的是类似的原理，只不过是用在一个小得多的数量级上，但它能为解决更大的问题起到提示作用。

头脑风暴

这个经典的解决问题的方法搜集尽可能多的解决方案，不管它们是可行的、可能的，甚至特别相关的。这个随机的创造性行为可能生成让人惊喜的有用结果（参见原理 31 "头脑风暴的方法"）。

从旁突破

人类本能地总是从结果来看问题，他们要不就关注创意的开始点，要不就关注最后一个发散点。特别是在解决问题的时候，人们很容易就会太专注于问题的焦点，或者问题中最让人兴奋的点。然而，有时如果我们从问题的中间去突破，问题就整个瓦解了。有时候，偷袭的效果好过迎头一击。试着去从多方面了解这个问题，甚至试着把它当成不是一个问题来看待，至少看看它本身是如何运作的。记住这句格言："亲近你的朋友，更要亲近你的敌人。"

渐进式地解决问题

这种方法是敏捷开发方法的核心。如果一个完美的解决方案没法在一夜之间完成（或根本没法完成），有时最好的办法就是去完成一个接近完美的方案，而不是追求一步到位。这个方法尤其适合用于多次迭代，就像敏捷开发中的 sprint，每一个 sprint 的冲刺都对现有的解决方案有所改进和优化，使其渐进地接近完美。

尝试出人意料的搭配组合

也就是所谓的"咸焦糖"解决法。这两种烹饪原料看起来完全不像能搭配到一起，但这个意想不到的组合解决了"如何让焦糖比平常更好吃"的问题。出人意料的组合往往并不总是能成功（巧克力和培根搭配起来就产生不了什么好味道），但是当问题看起来不可解时，这种方法能产生良好的结果——或至少指引我们发现一些新的途径。

加入一些意外元素

这是作家在写作遇到障碍时使用的小把戏。他们通过加入对一些出乎意料的元素——比如一只猫的描写来解决问题。如果作家在从事小说或非小说写作时遇到瓶颈，他们可能会加入一些傻傻的、随机的，至少是出人意料的东西再试一次。他们之后可能会回过头来把这一段删掉，但由于原有的问题的已经被打乱了，他们得以换一个角度看问题，创意也就被激发出来了。

退后一步

很多时候，在你还没有意识到问题的解决方案之前，你的潜意识里已经有答案了。有时你的直觉无法跳出来起作用只是因为你在这个问题上有意识地关注了太久。休息一下或者远离这个问题能让人足够放松，来倾听潜意识深处的声音。当你站在浴室的花洒下，或是眺望着夕阳的时候脑海中突然冒出来的灵光一现就是这样发生的。如果你不停下来休息一下，你永远也体会不到这种灵感来临的时刻。

分解问题

有时候协同效应会成为解决问题的障碍。因为所有的因素组合起来，形成了一个"整体大于部分"的问题，这就让一个问题看起来不可解。然而，如果我们一个部分一个部分地来看，协同效应就会消失，巨大的困难就被分解了。

尝试证明该问题无法被解决

这个方法常被应用于数学领域，但它其实适用于任何问题。如果能够证明一个问题永远无法被解决……那么它通常就确实无法被解决了。但是在搞清楚它为什么不能被解决的过程当中，一些潜在的可能性也会被挖掘出来。

将问题简化成一个以前解决过的问题

要把一个人送上月球看起来是一个无比复杂的问题，但从本质上来讲它跟射出子弹击中一个目标是一回事。虽然这简化了太多，但用枪击中靶心是一个已经解决了的问题。计算方式、操作方法和各种材料都是存在的。从这个角度看，人类登月的问题看起来就可行多了，因为有现成的工具可以利用，至少我们就有了开始寻求方案的途径。

解决相反的问题

如何给房子降温看起来似乎无法解决，但如何给房子加温，这个说起来完全相反的问题，却可能为降温带来一个明确的解决方案。例如，绝缘材料可能是两个问题中共同的关键，因为它能阻挡空气的流动。两者的解决方案都是依据同样的原理，而只要解决了一个问题，通常也就为解决另一个问题指明了方向。

有人解决过类似问题吗

正如人们所说的"不要重新发明轮子"，有时候一个看起来无解的问题其实已经被其他人解决过了，而适当的研究会帮助你发现这一点。

开发原型

参见原理 54"原型"和原理 50"纸上原型"。

把想法说出来

有时候把想法说出来——即使它会显得杂乱和奇怪——能够帮助将这些想法组织起来，从而对解决方案有所提示。

寻求帮助

这个很简单。在很多情况下，可以找专家来帮忙提供指导或直接提供一个解决方案。例如，健康问题通常得找医生解决，而不是生病的患者本身。同样，同事之间的合作能帮助快速解决问题。

演出来

积极进行角色扮演或纸上原型，可以让在静止不动的情况下不明显的解决方案变得明朗起来。

解释给爷爷听

类似于"把想法说出来"，不过这个方法不需要与问题本身的相关。有时候向非专业人士把问题解释一遍能够为解决方案带来提示。不管解释的对象是否能提出建议或问题，哪怕是没有任何输入，用最简单的语言解释问题这个行为本身就能对理清问题带来帮助。

换个角度看问题

把拼图倒过来看，检查窗帘后面，试着把恶棍看成英雄。一个新鲜的视角通常能帮助揭示解决方案。

测量并用数字表达

有时候缺乏清晰性和明确定义可能会导致永远也达不到的移动目标。一样东西是不是变得"更好了"是很难界定的，但如果是"提高了2%"就很一目了然了。

将数字转换成语言

将问题用数字表达的反面就是将问题中的数字用语言来表达。例如，数学等式或是图标看起来可能混乱得不可救药，但如果我们开口将它描述出来，或者转换成相关的情境。这就好像把苹果从桌子上拿下来，答案就明显多了。

先试试再说

面对生活中的重大决定，比如去上哪所大学，或者接受哪份工作，精神医学提出"尝试"的解决方法。也就是说，假装这个或那个决定是我们真正要选的，并且在一段时间内将之作为一个真正的计划来执行。通常，这样做能揭示这个暂时的解决方案所存在的之前不明显的问题（噢，对我们的预算来说那个减薪方案不合适），或者得到确认这就是正确的解决方案。

注意极端情况、二分法和否定情况

这是另外一种来自软科学的解决问题的方法。用极端情况（总是，从不）、二分法（黑或者白），以及假设否定情况（你确定没有预算来完成这个漏洞的修复吗？）来检验这个问题陈述。现实世界总是充满灰色地带，对规则的例外情况，和不正确的假设。然而，如果问题陈述建立在这些不真实的期待的基础上，潜在的解决方案就可能被忽略。

检查中立性

是不是有解决方案因为个人在某些地方的偏见被忽略掉了？没有人是完美的。

柔道精神

柔道的关键就是利用对手的优势来对抗他，并且反其道而行之，在其优势中寻找弱点。有时候，解决一个问题的最佳办法就是撤退，不去解决它，而有时候问题就转化成了资产。有时候，一个问题的大和压倒一切的气势，在你将问题的核心一点一点解决掉的时候，反而可以用来分散注意力。

找到最薄弱的一环

分析问题每个部分相对的强度和弱点，然后重点关注最薄弱的一点。通常打破这一点就能让整个问题分崩离析，而如果没有，就又到了需要迭代的时候了。当解决了问题中最弱的 / 最容易的部分，继续解决第二弱 / 容易的，这样继续下去直至所有的部分都被解决。通常，在这个过程中每一步给我们带来的精神上的练习，和工具的增强，意味着我们有了更好的准备来面对下一个部分。

撰稿人简介

　　基万·阿科斯塔（**Keyvan Acosta**）在游戏设计、音乐、写作、教育等领域持续发展着他的天资和热情，并以美国福赛大学（Full Sail University）游戏设计系的课程负责人的身份与人分享经验。近年来，他还作为撰稿人、演讲人、评委参与各种行业会议，如游戏艺术史研讨会（Art History of Games）、游戏开发者大会、Project Horseshoe、波哥大 Siggraph、SXSW Interactive 等。基万的个人履历包括：ZeeGee Games 的游戏设计师，CyberMedia（PR）、IGDA Global Game Jam、Mekensleep、MuninuM 等公司或组织的程序设计员、创意顾问。

　　丽兹·卡纳卡里·罗斯（**Liz Canacari-Rose**）在美国科罗拉多州的丹佛出生和长大。她从 1997 年开始就在 IT 领域学习和工作，从事过硬件支持、网页开发、软件和游戏开发。2000 年，她得到一个难得的机会——与一家公司合作为医疗行业开发一套 3D 交互的培训解决方案。这个机缘，加上丽兹本身对视频游戏的兴趣，激发了她对游戏行业的兴趣。她于 2006 年在美国福赛大学拿到游戏设计与开发专业的理学学士学位，于 2009 年拿到娱乐产业专业的理学硕士学位。在这之后她继续开发游戏，并且在福赛大学教授游戏历史课程。

　　迈克尔·迪尼恩（**Michael Deneen**）任职游戏设计师（国内公司称为游戏顾问）超过 7 年。他最近参与设计的游戏包括《索尼全明星大乱斗》（*PlaysStation All Stars：Battle Royale*），《战神：斯巴达之魂》（*God of War：Ghost of Sparta*）和《战神：奥林匹斯之链》（*God of War：Chains of Olympus*）。在此之前，迈克尔曾经在《神奇四侠》，《黑道家族》，《荣誉勋章》，以及詹姆斯邦德系列中担任过各种工作。

　　扎克·惠威乐（**Zack Hiwiller**）是一位游戏设计师、教育家、写手，现居美国佛罗里达州的奥兰多。他是福赛大学游戏设计专业的系主任，兼任 Sky Parlor Studios 的首席设计师。在此之前，除了他自己的独立项目，他还曾在 Gameloft 和美国艺电（Electronic Arts，EA）担任设计师。他在其个人网站 hiwiller.com 的文章被 Kotaku、GameSetWatch 等知名网站转载，读者超过百万。

　　杰夫·霍华德博士（**Dr. Jeff Howard**）是达科达州立大学游戏开发与设计专业的助理教授，在计算机游戏设计学位项目中主导叙事焦点领域的研究，著有《任务：设计，理论及游戏与叙事中的历史》（*Quests：Design，Theory，and History in Games and Narratives*）一书（A K Peters 有限公司，出版于 2008 年）。他还是 IDIG 工作坊（Workshop on Integrated Design in Games）的组委会主席。他最近致力于他的跨媒体作品《奥秘》（*Arcana*），闲暇的时间他会为他关于游戏中魔法系统的书进行研究和写作。

克里斯蒂娜·卡丁儿（**Christina Kadinger**）现任福赛大学游戏设计专业教授。她拥有罗林斯学院的经济学学士学位，以及贝瑞大学的法学学位。在业余时间她喜欢玩游戏，看乐队现场演出和玩冰球。

克里斯·基林（**Chris Keeling**）是一位视频游戏界的资深人士。他自 1998 年开始参与制作了游戏《装甲精英》（*Panzer Elite*），随后是《美国陆军》（*America's Army*）、《暮光之战》（*Twilight War*）、《战争命令》（*Order of War*）等军事游戏（这也许跟他在美国陆军和陆军预备役服务了 23 年有关）。他目前在东欧的 Wargaming.Net 工作，职位是资深制作人，主导制作了非常成功的游戏《坦克世界》（*World of Tanks*），以及即将发布的《战机世界》（*World of Warplanes*）、《战舰世界》（*World of Warships*），及其他还未公布的游戏。克里斯还曾是游戏行业的写手、游戏设计师、游戏教育家，最近还曾担任福赛大学游戏设计学位项目的管理者，现在依然在该项目的咨询委员会任职。他同时还在国际游戏开发者协会（International Game Developers Association）游戏写作特殊兴趣小组执行委员会从事志愿工作。他的博客地址：www.aconnecticutyankee.com。

凯西·库奇克（**Casey Kuczik**）是巴黎育碧游戏软件（Ubisoft Entertainment）的资深制作人，他所在的团队负责的是超前移动游戏的开发和发布。在其职业生涯中，凯西曾在 Bigpoint、EA、Seven Studios 担任移动部门负责人、制作人、设计师、文案、测试等职。凯西自 2009 年来在福赛大学担任讲师，教授设计和开发分析。该课程着重于从批判的角度解构视频游戏，是他原创的一个独特课程。凯西 2003 年毕业于耶鲁大学，拥有美国研究和电影研究的双学士学位，并于 2010 年取得洛约拉马利蒙特大学的 MBA 学位。

妮可·拉扎罗（**Nicole Lazzaro**）是一位世界知名的游戏学者、设计师和演讲人，她让游戏变得更有趣。妮可发现了"4 种关键趣味元素"，这是一个被全世界数十万游戏开发者广泛应用的模型。2004 年，她本人应用这个模型设计了 iPhone 上的第一款应用加速感应的游戏，该游戏现在的名字叫《倾斜世界》（Tilt World）。2007 年，妮可被评选为高科技领域 100 位最有影响力的女性之一，视频游戏行业最有影响力的 20 位女性之一，游戏化领域的 10 位杰出女性之一。妮可的工作被全球新闻媒体广泛引用，如 CNN、Wired（美国科技新闻网站）、Fast Company（美国商业理论杂志）、CNET、《纽约时报》、《华尔街日报》、《好莱坞报道》（*Hollywood Reporter*）、《红鲱鱼》杂志（*Red Herring*）、《波士顿环球报》（*Boston Globe*）等。她建议白宫和美国国务院利用游戏来发掘人们改善这个世界的潜力。在过去的 20 年里，作为 XEODesign 的 CEO，她为育碧、EA、迪斯尼、Cartoon Network 等公司的数百万玩家改善游戏体验，并获得了很多畅销游戏如《神秘岛》（*Myst*）、《美女餐厅》（*Diner Dash*）、Pogo、《模拟人生》（*The Sims*）等的特许经营权。作为将游戏设计应用于游戏之外的先锋，她早在 1992 年开始就为甲骨文、思科、Kaiser、Sun、Roxio 等公司设计了以游戏为灵感的用户界面。

汤姆·龙（**Tom Long**）是一位屡获殊荣的游戏研究教育家、游戏设计师。他在游戏和模拟器行业工作了 15 年。在这些年中，他两次为《游戏开发者》（Game Developer）杂志担任 Front Line Awards 评委，在 Unity Great Education Giveaway Contest 大赛中获胜，并且参与设计了很多已公开发行的游戏。在空闲时间，他会去创客空间、FamiLAB，长期致力于他的"创意嘉年华大会"（Maker Faire）项目。如今，汤姆在佛罗里达州冬园的福赛大学教授关卡设计 II 课程。

迈克尔·卢卡斯（**Michael Lucas**）早在视频游戏问世之前就已经是一个游戏玩家了。他参加国际象棋锦标赛，玩西洋双陆棋（Backgammon），并参与开发了 1979 年以前世界最好的国际象棋软件系统之一——DUCHESS。作为一个国家级的国际象棋大师，迈克尔在离开大学后继续参加这方面的竞赛，并参与了为海军开发战争游戏模拟器。迈克尔还为《怪兽屋》、《丛林大反攻》、《贝奥武夫》、《冲浪企鹅》等很多索尼图像工作室和索尼影视动画公司训练了很多美术人员。他擅长的领域包括头发和衣服的建模、Python 和 Maya 脚本、立体 3D。他对电视节目和纪录片制作也有涉猎。他是 2010 年 Mark Kistler's Imagination Station 的后期制作主管，并帮助该节目赢得了艾美奖。他目前在福赛大学教授"使用 UDK 的关卡设计"、"可用性和游戏产业"等课程。

戴夫·马克（**Dave Mark**）是 Intrinsic Algorithm 公司的负责人和首席设计师，该公司位于内布拉斯加州的奥马哈，是一个独立游戏开发工作室和人工智能顾问公司。他著有《Behavioral Mathematics for Game AI》（Course Technology PTR，出版于 2009 年）一书，参与写作了很多业内书籍，并为《游戏开发者》（Game Developer）杂志供稿，同时也经常在游戏人工智能、游戏理论和心理学等学术会议上发言。此外，他还是人工智能游戏程序员协会（AI Game Programmers Guild）的合伙创始人，以及 GDC AI 峰会的共同顾问。戴夫在社会大学继续着他的自我学习，他目前没有其他的深造计划。

道格·奥本多夫（**Doug Oberndorf**）拥有艺术学士学位，主攻方向 2D 和 3D 动画，以及特殊效果动画专业的硕士学位。道格是福赛大学的课程负责人，主要教授游戏产业相关的课程。他有一家名叫 Tropic Mods Development 的游戏公司，并为国家肾脏基金会（Natinal Kidney Foudnation，NKF）的各种活动担任志愿者。

帕特里夏·皮泽（**Patricia Pizer**）于 1988 年在 Infocom 公司开始了她游戏行业的工作，那个时候制作的游戏甚至不需要图像。在接下来的十年里，她先后任职于 Boffo Games、THQ/GameFX、Harmonix Music 等公司。之后帕特里夏开始转向大型多人在线游戏（massively multiplayer online，MMO）领域，担任 Turbine Entertainment 的创意总监，后任职于育碧娱乐软件、迪斯尼虚拟现实工作室（Disney's VR Studio）。迪斯尼虚拟现实工作室曾开发 MMO 游戏《卡通城》（Toontown）。帕特里夏还曾在 42 Entertainment 公司从事 ARG 的设计。在此之后她回到迪斯尼交互工作室，并设计了 DGamer，一款基于任天堂 NDS 的在线个人形象服务，并参与了游戏《企鹅俱乐部》（Club Penguin：Elite Penguin Force）的开发工作。帕特里夏的最近一份工作是 ZeeGee Games 的创意总监。不过最重要的是，帕特里夏喜欢玩游戏。

迈克尔·平恩（Michael Pynn）是大学创意写作教师，也是游戏设计师。他为游戏设计相关专业的学生教授写作、专业沟通、叙事发展、模拟游戏设计、游戏文档等课程。作为一名设计师，迈克尔参与开发了多个 ARG 游戏以及互动故事体验。他是国际游戏开发者协会（International Game Developers Association）的成员，拥有中佛罗里达大学的艺术学士学位，以及福赛大学娱乐行业创意写作的硕士学位。

布莱恩·斯塔比莱（Brian Stabile）是一位游戏设计师、程序员、音乐家、音频工程师、教师和语言学家。除了在福赛大学教授在线课程，布莱恩还是一个名叫 Yogurt Smoothness 的全国巡回乐队的鼓手，和一个独立游戏开发公司 Astro Crow 的共同所有人，该公司最出名的游戏是他们为 iOS 开发的《外星探险》（*The Last Ace of Space*）。他为 PC 游戏《变形僵尸》（*Three Dead Zed*）担任了程序员和日语翻译，并与中佛罗里达大学 RETRO 实验室一起为像罗伯特·伍德·约翰逊基金会、美国国家科学基金会和美国国防军需大学这样的客户开发"严肃游戏"。

杰森·范登伯格（Jason VandenBerghe）已经在游戏行业工作了 17 年，目前在育碧担任创意总监（其最近参与开发的游戏包括《孤岛惊魂 3》（*Far Cry 3*）和《幽灵行动·未来战士》（*Ghost Recon：Future Soldier*）。在其职业生涯中他曾经担任过的职位包括程序员、制作人、设计师和总监。他曾经参与开发过糟糕的游戏，优秀的游戏，很难做的游戏，以及，呃……不那么难做的游戏。他打算在这一行能做多久就做多久。

插图作者简介

雷蒙德·元（Raymond Yuen）是一位来自纽约的插画师和设计师，现居旧金山市。他对漫画的热爱激发了他对工作的灵感。在这种灵感的启发下他完成了美国 Six Flags Great Adventure 的漫画陈列设计，以及口袋妖怪在美国多彩的办公室的设计。现在他是游戏室公司 Suspended Belief 工作室的合伙人和艺术总监。他的个人网站是：www.rayuen.com。